中公新書　2676

小林憲正著

# 地球外生命

## アストロバイオロジーで探る生命の起源と未来

中央公論新社刊

# はじめに

夜空の星々を見上げて、その中に地球のように生命を宿す星があるだろうかと考えたことのある人も多いのではないでしょうか。ＳＦ小説や映画にも地球外生命は頻繁に登場します。ニュースなどでＵＦＯ（未確認飛行物体）の話題が取り上げられることもあり、地球外生命というのはＳＦやトンデモ科学の分野と思っている人も少なからずいるのではと想像します。しかし、今日、地球外生命の問題は第一線の科学者が大真面目に議論する自然科学上の最重要課題となっています。

まず、地球外生命の問題は、生命起源の謎と直結します。ある星に生命が存在するとするならば、その生命はその星で誕生したか、あるいは別の星から移り住んで来たはずです。後者の場合でも、私たちの宇宙が一三八億年前に誕生した時には生命が存在したはずはないのですから、どこかで「生命の誕生」というイベントが起きたことになります。生命の誕生が容易ならば、それだけ宇宙に生命が存在する星が多く存在するはずです。つまり、地球外生命がいるかいないかというのは、生命がどのように誕生したかということと表裏の問題といえます。

生命の起源というと、オパーリンやミラーの名前が浮かぶ人も多いでしょう。彼らが「生命の起源」に取り組んだモチベーションは、なんと言っても、われわれ地球の生物がどのようにして誕生したかということ、つまり「われわれはどこから来たか」という問いに答えることでした。英語でいうと、定冠詞をつけたThe Origin of Lifeの探求だったのです。これまでさまざまな方法でこの問題へのアプローチが行われてきました。しかし、身も蓋もないことをいえば、この問いに正確に答えることは不可能とも考えられます。それは生命が誕生した頃に地球上にあった物質や、生まれたばかりの生命の痕跡が地球上にまるで遺っていないためです。タイムマシーンがあったらいいのに。

では、生命の起源の実証は不可能なのでしょうか。実はタイムマシーンに代わる方法はあるのです。それは宇宙を調べることです。これまで宇宙の多くの星を調べることにより、誕生したての四六億年前の太陽、死んでいく五〇億年後の太陽も想像できるようになりました。もし、宇宙で生命の誕生が数多く起きたとするならば、生命の起源は複数形のOrigins of Lifeとなります。生命が誕生した時期は宇宙が誕生してから今日までの一〇〇億年余りの間に散らばっているはずですから、まさに今、生命が誕生しようとしている惑星もあるかもしれません。多くの生命を比較したり、生命の誕生や進化のさまざまな段階にある天体を調べることにより、地球生命の誕生を含むさまざまな生命の起源についての議論が可能となります。つまり地球外生命の探査は、われわれのルーツを探る上でも極めて重要です。

本書では、まず第1章で地球外生命に関するふたつの意見「地球外生命はいるはずがない」

と「地球外生命は多数存在する」を比較してみましょう。かつて、私たちは自分たちが宇宙の中心と信じていました。しかし天文学の進歩により私たちは銀河系の片隅にある平凡な星のまわりに誕生したことがわかってきました。ここに世界があるならば、宇宙には多くの世界があるはずです。二〇世紀末に始まった地球外生命をまじめに考える学問分野「アストロバイオロジー」についてもご紹介しましょう。

次の第2、3章では地球での生命の起源と進化に関して、私たちが知っていることをおさらいしておきましょう。生命の起源研究の歴史の中で、地球の生命は宇宙とも密接な関係があることがわかってきました。そして三八億年前頃に誕生したとされる地球生命は、幾多の地球環境の危機を乗り越えながら、というよりそれを利用しながら、進化してきました。地球外の生命をまだ知らない私たちにとって、地球生命の進化の歴史は宇宙での生命進化を考える縁(よすが)です。生命誕生が宇宙で普遍的かどうかに加え、宇宙に知的生命がいるかどうか、これがもうひとつの大きな問題です。

つづいて、第4〜7章でいよいよ地球外生命探査の旅に出かけましょう。まずは太陽系から。多くの人々にとって地球外生命といえばなんといっても「火星人」でしょう。第4章では、この火星生命に関するこれまでの論争と探査計画について紹介します。これは私たちにとって不可欠な液体の水を探す旅でもあります。

液体の水ならば、火星や、いや地球よりもたっぷりあるウォーターワールドが太陽系にあります。第5章ではそのようなウォーターワールドへの旅に出かけましょう。その主役は木星の衛星エウロパと土星の衛星エンケラドゥスですが、ウォーターワールドリーグの会員は近年増え続けていますので、旅の行き先には事欠きません。これらの天体に生命が存在するならば、宇宙における生命の存在は本当にありふれたものとなるでしょう。

太陽系の次なる旅は、液体の水にこだわらない旅です。液体メタンや硫酸など、ほかの液体を利用する生命がいる可能性も視野に入れ、第6章では土星の衛星タイタンと、さらに金星に向かいます。これらに生命が存在すれば、生命の概念が変貌していくことでしょう。

次なる第7章で私たちは太陽系を飛び出します。実際に飛び出そうとする試みもありますが、基本的に電波や光を用いて探る地球外生命です。太陽系では望み薄の地球外知性体（ETI）も数千億の星々のある銀河系では希望が持てます。その可能性を考える上で用いられるのが「ドレイクの方程式」。ここで、地球外生命の探査というのが、実はわたしたちの未来を探る旅であることが明らかになります。

生命は必ずしも、その星で誕生したとは限らず、別の星で生まれた生命が他の星に移住する可能性も考えられてきました。このような考えは一般にパンスペルミアとよばれています。火星で誕生した生命が地球に移住、進化してわれわれが誕生した可能性も真剣に議論されています。第8章ではこのパンスペルミア説を検証しましょう。このことにも関連するのですが、地球の生命を他の星に持ち込んだり、地球外生命を地球に持ち込んだりするのは、その星の生態系を壊したり、私たちの将来を危うくする可能性をはらんでいます。そのような危険を防ぐために国際的に取り決められている惑星保護についても考えましょう。

地球外生命にまつわる問題はかつては科学者がまじめに考えることではないとされてきました。しかし、二〇世紀半ば以降、生命科学と宇宙科学が結びつき、新たな学問分野アストロバイオロジーが発展していく中で、地球外生命の重要性を多くの科学者が認識するようになりました。今日、地球温暖化などの環境問題の悪化や、ＳＤＧｓ（持続可能な開発目標）の設定など、人類の生存のためには私たちがより広い視野で人類と地球生命とそれをとりまく地球環境について考える必要に迫られています。そのような文脈の中で、地球外生命を考えることは私たち人類の未来にも大きな指針を与えてくれることがわかってきました。最後の第９章では、そのような観点から地球外生命の問題をまとめてみたいと思います。地球外生命は地球生命の未来を映す鏡なのです。

では、地球外生命探しの旅にでかけましょう。地球を出発して、太陽系天体を巡り、銀河を探り、そして地球に戻って来たとき、みなさんの地球・地球生命・人類の見方が変わっていれば、本書の目的が達せられたことになるでしょう。

目次

図版作成　ケー・アイ・プランニング
図版作成・DTP　市川真樹子

# 地球外生命

## アストロバイオロジーで探る生命の起源と未来

# 第1章

# 地球外生命観

## 古代ギリシャから今日まで

## コペルニクス以前の地球外生命観

満天の星の下、これらの星々の中に生命を宿す星があるのかと考えたことのある人も多いのではないでしょうか。このような疑問が生じるのは、天空に見える星のそれぞれが、太陽のように大きさをもった天体であり、太陽の周りを回る地球上に生命が存在していることを私たちが知っているからです。

では、昔の人々は「宇宙人」の存在をどのように考えていたのでしょうか。一六世紀までのヨーロッパにおいては、地球が宇宙の中心で、太陽などの他の天体が地球の周りを回っているとする「天動説」が広く信じられていました。天動説は古代ギリシャのエウドクソス（紀元前四〇八頃～三四七頃）が原型を提案したとされます。これをアリストテレス（紀元前三八四～三二二）が自説に取り入れ、これを元に、二世紀にプトレマイオス（英語名トレミー、八三頃～一六八頃）が体系化しました。図1－1はこれを簡略化したもので、世界の中心に地球があり、その周りを七つの球がとりまいています。これらの球には内側から順に、月、水星、金星、太陽、火星、木星、土星が貼り付いており、さらにその外側にはたくさんの星が貼り付いた（または穴があいた）「恒星天球」がとりまいています。このような球に貼り付いたものが、地球のような一つの「世界」をなしているとは考えにくく、したがって「宇宙人」の存在も考えづらいものでした。

この天動説を含むアリストテレスの考えは、イスラム世界を経由して一三世紀の中世ヨーロッパに逆輸入されました。キリスト教の教義と合致するものとして保護されたこともあり、その後のヨーロッパの中心的学説として信じられつづけました。

なお、古代ギリシャにおいては、多くの哲学者が多様な説を戦わせあっていたので、アリストテレスらの天動説（地球中心主義）以外の説も百花繚乱でした。例えば、アリスタルコス（紀元前三一〇頃～二三〇頃）は、半月の時の月―地球―太陽の角度を測定することにより、太陽が極めて大きいことを示し、太陽こそ宇宙の中心で、地球は太陽の周りを回っているという地動説（太陽中心主義）を唱えました。

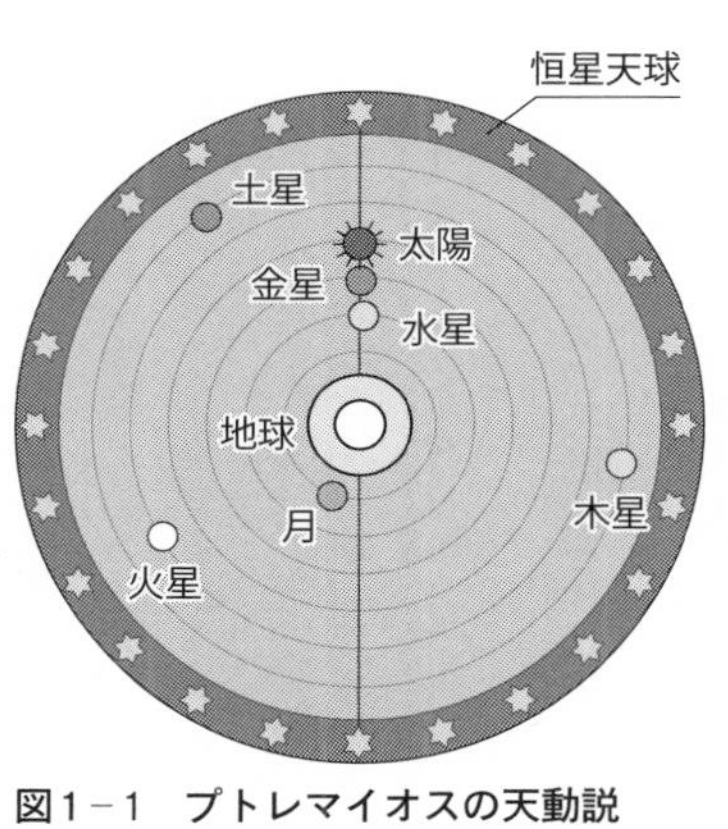

図1－1　プトレマイオスの天動説

宇宙人の可能性に関しては、物質が原子の結合でできているという原子論を提唱したレウキッポス（紀元前四八〇頃に活躍）やデモクリトス（紀元前三六一没）、さらにその後継者たるエピクロス（紀元前二七〇頃没）、ルクレティウス（紀元前九九～五五）らが考えていました。彼らは、宇宙は無限の広さを有し、無限の物質が衝突しあうため、地球以外の世界でも生命が存在しうると考えていました。天動説一色となった中世ヨーロッパにおいても、ドイツの哲学者ニコラウス・クザーヌス（一四〇一～一四六四）は著書の『学識ある無知について』の中で、地球はアリストテレスのいうほど特別な場所ではなく、地球以外のところにも地球と同じようなところがあり、生物が存在するかもしれないと述べています。

## コペルニクスの天動説と地球外生命

考え方やものの見方が劇的に変化してしまうことを「コペルニクス的転回」といいますが、その由来となった知的大変動を引き起こしたのが、ポーランドの天文学者のニコラウス・コペルニクス（一四七三～一五四三）です（図1－2）。彼は子供の頃に両親を亡くし、母方の伯父に育てられました。ポーランドのクラクフ大学で天文学に触れ、さらにイタリアのボローニャ大学で天文学を勉強しましたが、他にも法学や医学を学びました。育ての親の意向でカトリック司祭となりましたが、その仕事の傍らに天文学などの研究も行いました。

当時、プトレマイオスの天動説だけが正しい宇宙の説明とされていましたが、これにも泣き所がありました。惑星は恒星の間を動きますが、時々逆向きに動くことがあります。これを天動説で説明しようとすると、惑星については地球を回る円とは別の円軌道を組み合わせる必要

図1−2　コペルニクス

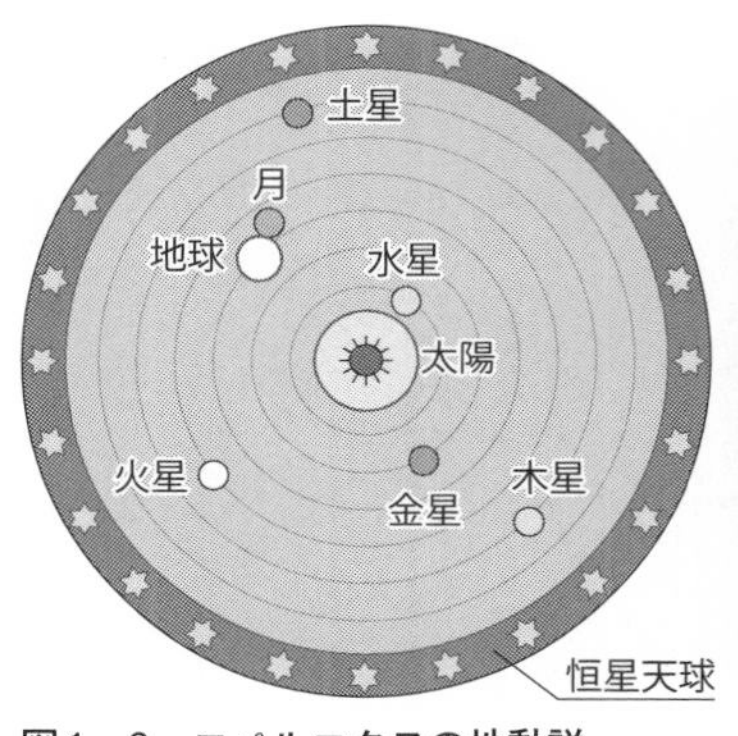


図1−3　コペルニクスの地動説

が生じますし、惑星の円軌道を動くスピードも一定ではないことになってしまいます。コペルニクスは宇宙の中心を地球から太陽に移すことにより、よりエレガントに惑星の運動を説明できることに気づきました。彼は、この考えを一五一〇年頃に「コメンタリオルス（小論）」という論文にまとめ、友人に配りました。さらにこの考えを深め、三〇年ほどたった一五四二年に「天体の回転について」という論文の草稿を完成させました。この間、地動説は特段、キリスト教会から迫害されていたわけではありませんでしたが、コペルニクスはカトリックの考え方と地動説とをどう折り合いをつけるかに苦心したと考えられます。しかし、ようやく脱稿した年に脳卒中に倒れ、翌年、論文の出版をみることなく亡くなりました。

図1−3はコペルニクスの地動説を図示したものです。日本語では地動説とよばれますが英語では **heliocentrism**、すなわち太陽（helio）中心説（centrism）であり、宇宙の中心を地球から太陽に移したものです。そのため、恒

星天球は依然として宇宙の端でした。しかし、地球は他の五つの惑星（水星、金星、火星、木星、土星）と同様に太陽を回っているので、地球だけが特別な場所というわけではなくなりました。つまり、天動説においては月より外側は地球とは違う場所で、永遠に変化が起きない場所とされていたのに対し、コペルニクスの地動説においては他の五つの惑星にも変化が起きてもいいことになります。

コペルニクスの宇宙に関する考えは、後に「コペルニクスの原理」、もしくは「平凡の原理」とよばれるようになります。これは宇宙で起きることは、基本的に地球で起きることと同じ、ということで、言い換えれば、地球というのは宇宙で平凡な天体であるということです。これは、地球で生命が存在するならば、地球外にも生命が存在しうるということを示唆するものでした。

### コペルニクス後の地動説と地球外生命――ブルーノ・ガリレオ・ケプラー

コペルニクスの「天体の回転について」は、教会から禁書にされはしませんでしたが、観測結果との整合性はあまり重視されていなかったことや、非常に難解であったことから、地動説の支持者はあまり増えませんでした。コペルニクスの説を支持し、さらに発展させたのがジョルダーノ・ブルーノ（一五四八～一六〇〇）でした。コペルニクスは、太陽が宇宙の中心であり、恒星天球が宇宙の境界だと考えました。つまり、宇宙は有限であり、太陽以外の恒星と太陽の距離は一定ということになります。しかし、ブルーノは太陽も数ある恒星の一つであると考えました。そうなると、数多（あまた）の恒星はその周りを回る惑星を持っているだろうし、そこに生物がいてもおかしくないことになります。ブルーノは惑星のみならず、恒星にも人が住み、また恒星・惑星・流星、さらに宇宙にも霊魂があると考えていたそうです。ブルーノこそ、地球外生命研究の父といってよいでしょう。

ブルーノの考えは、教会からは危険思想とみなされました。一五九二年、ブルーノはヴェネチアで逮捕され、ローマ異端審問所に引き渡されました。一六〇〇年一月に裁判で異端として死刑が宣告され、二月には火刑となり、その遺灰は川に撒かれました。また、ブルーノの著書は一六〇三年に禁書となりました。ここでローマ法王庁と地動説の対立がはっきりとしました。

次に登場するのが、ガリレオ・ガリレイ（一五六四〜一六四二）です。イタリアの著名人はダンテ、ミケランジェロのように姓ではなく名で通っていることが多く、多くの国でガリレオとよばれているので、ここでも通例に従いガリレオとよびましょう。一六〇八年にオランダのハンス・リッペルハイが発明した望遠鏡のうわさを聞いたガリレオは、一六〇九年に自ら望遠鏡を作製し、これを用いて天体観測を開始し、地動説を裏付ける多くの証拠を得ました。天の川が多数の星々からなること、金星が満ち欠けすること、月に多くのクレーターがあること（つまり、月が完全無欠でないこと）、などです。そして、決定打となったのは一六一〇年の木星の衛星の発見です（図1－4）。木星の周りを回る天体が存在するということは天動説の「すべての天体は地球の周りを回っている」ことと矛盾することから、地動説にとっての追い風となりました。この四つの衛星は、後にイオ・エウロパ・ガニメデ・カリストと名づけられ、太陽系内の地球外生命を考える上でとりわけ重要な天体群となります（第5章）。

しかし、ガリレオ本人は、地球外生命に対しては否定的でした。一六一三年の「太陽黒点論」の中で、木星、金星、土星、月に住人がいるという考えは間違っていると記し、また、一六一六年には手紙の中で「月に生命が存在しないのは、月には四大元素の中の土と水がないからだけでなく、一五日ごとに暗黒と容赦ない日射がくりかえされるため」と説明しています。

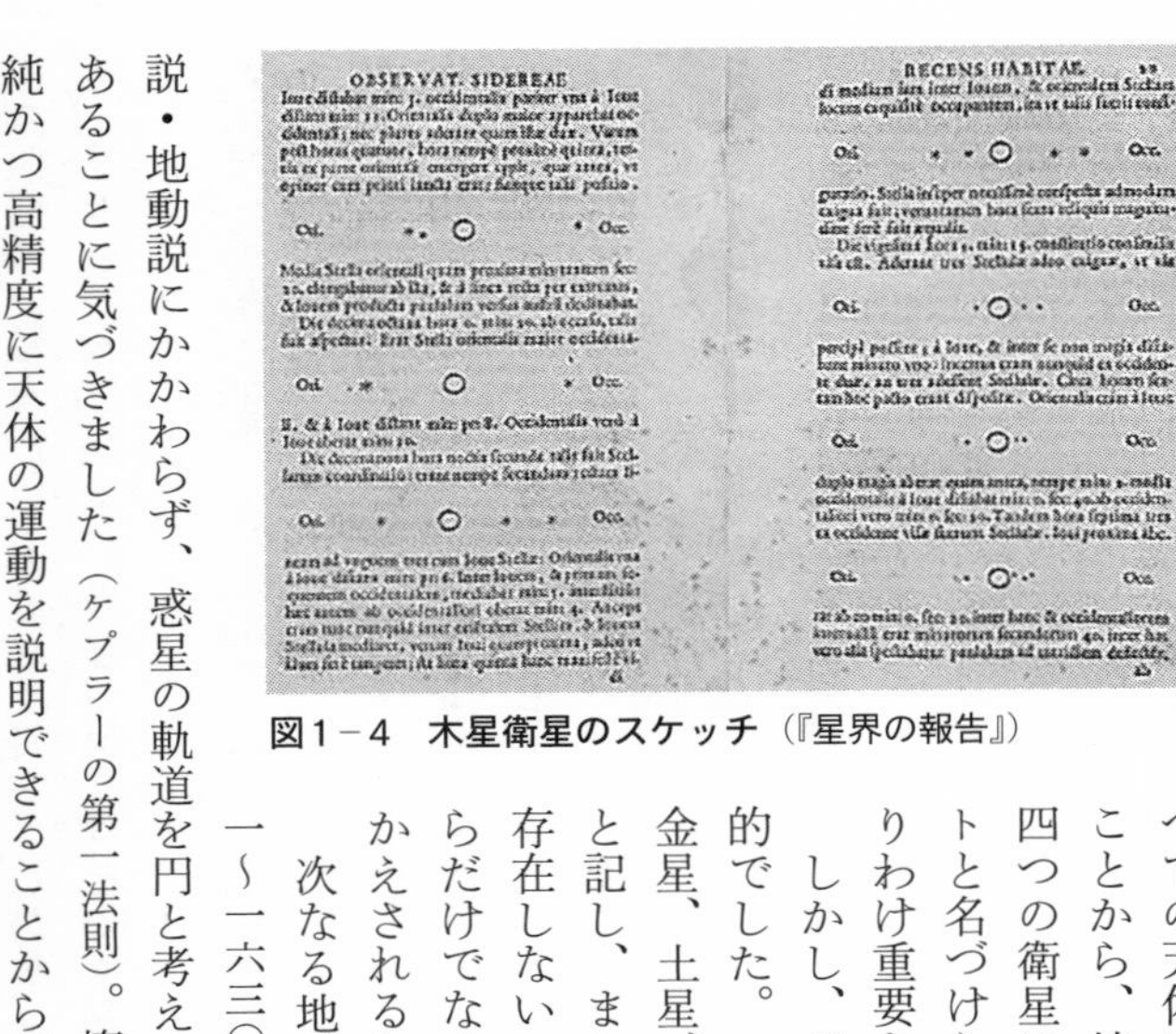
OBSERVAT. SIDEREAE

RECENS HABITAE.

図1－4　木星衛星のスケッチ（『星界の報告』）

次なる地動説の立役者はヨハネス・ケプラー（一五七一〜一六三〇）です。ガリレオまでの天文学者は、天動説・地動説にかかわらず、惑星の軌道を円と考えていましたが、ケプラーは惑星軌道が楕円であることに気づきました（ケプラーの第一法則）。楕円軌道で考えると地動説は天動説よりも単純かつ高精度に天体の運動を説明できることから、地動説の説得力が大幅に増しました。ただ、ケプラーはブルーノのような無限の宇宙というものは考えず、恒星天球に囲まれた有限の宇宙を考えていました。しかし、ケプラーはその有限の宇宙の中で、地球外生命に関して積極的な発言をしています。彼は一六一〇年のガリレオの『星界の報告』で木星の衛星の発見を知り、「神は木星の住人のためにこれらの衛星を作られたのだ」と述べているのです。

## 自然科学の発展と地球外生命

一七世紀後半にはアイザック・ニュートン（一六四二〜一七二七）が登場し、リンゴが落ちるのも惑星が太陽を回るのも同じ重力の働きであることを発見しました。これにより太陽系のまわりの宇宙の境界は取り払われ、物理学の法則は地球上でも宇宙でも同じように適用できるとされました。ニュートン自身は地球外生命には特に言及していませんが、地球上に生命が存在するならば、地球外生命が存在するのも当然という考えをもつ哲学者・科学者が多く現れました。このような傾向は一八世紀の啓蒙思想の時代から一九世紀にかけてもつづきますが、一般の人々にとって地球外生命は特に関心をよぶものではありませんでした。

一九世紀半ば、天文学に新たな風が吹き出しました。天文学に物理学や化学の手法を導入する「新しい天文学」の潮流です。分光学の発展により、恒星にも地球上で見られる多くの元素が存在することがわかりました。このことから、一八六四年、イギリスの天文学者ウィリアム・ハギンズ（一八二四〜一九一〇）は、恒星は太陽と同じように惑星を有し、その惑星上でも生命が存在するのではと考えました。

ちょうどその頃、生物学分野でも大きな変革が起きていました。一八五九年、チャールズ・ダーウィン（一八〇九～一八八二）が『種の起源』を出版し、自然選択に基づく生物進化のアイディアを公表したのです。それまで、生物種というものは、神が創造した時以来、変化しないとされてきました。これに対し、生物種も変化（進化）しうるという進化の思想は、生物学のみならず、天文学などほかの分野にも影響を与えることになりました。かつて、地上は変化するものであるのに対し、宇宙は永遠に不変のものであるとされてきました。しかし、宇宙も地上と同じような物質ででき、同じような物理法則が適用されるならば、宇宙も変化（進化）し、宇宙のいろいろな場所で生命を生み出してもいいでしょう。つまり「世界」は多数あってもいいはずです。

宇宙を研究するのに、望遠鏡で観察する以外の方法が見つかったのも一九世紀でした。空から降ってくる隕石が地球外から来ることがはっきりしたのです。宇宙にどのようなものがあるかを調べるために隕石の観察や分析が盛んになされました。隕石の中には生命の構成元素である炭素を多く含むもの（炭素質コンドライト）も見つかりました。例えば、一八六四年にフランスのオルゲイユに落ちた炭素質コンドライトは落下直後から分析が行われ、その中にも石炭や石油に似た有機物の存在が相次いで報告されました。また、ドイツの地質学者オットー・ハーン（一八二八～一九〇四）は一八八〇年、隕石の中に小さな化石のようなものを見つけたと報告しました。

これらのことから、一部の科学者は、隕石のもとになった天体に生命が存在した可能性を考え、生命の種が宇宙から地球に降ってきて、地球生命のもとになったと主張しました。この主張はパンスペルミア説とよばれ、今も議論が続けられています（第8章）。

## スキャパレリと火星の「運河」

一八七七年（明治一〇年）九月、文明開化のさなかの東京府民は、突然現れた大きな赤い星に驚きました。この年の二月に西郷隆盛（さいごうたかもり）が鹿児島で兵を挙げた西南戦争が起き、九月二四日には西郷の切腹で終戦を迎えました。西郷は逆賊とはいえ江戸無血開城の功績などで人気が高かったので、その姿が赤い星の中に見えたという噂がとび、その星は西郷星とよばれました。この赤い星は火星でした。太陽を周回する火星と地球は二年二ヵ月周期で接近したり遠く離れたりします。惑星軌道は楕円のため、この接近の度合いも毎回変わり、最近では二〇一八年に五七五九万キロメートルまで接近しました。一八七七年も大接近の年であったため、火星が大きく見えたのです。

時を同じくして、ヨーロッパの天文学者たちも火星大接近にあわせて火星の観測を行っていました。イタリアの天文学者、ジョヴァンニ・スキャパレリ（一八三五～一九一〇）もそのひとりです。スキャパレリは一八六四～六六年にペルセウス座流星群がスウィフト・タットル彗

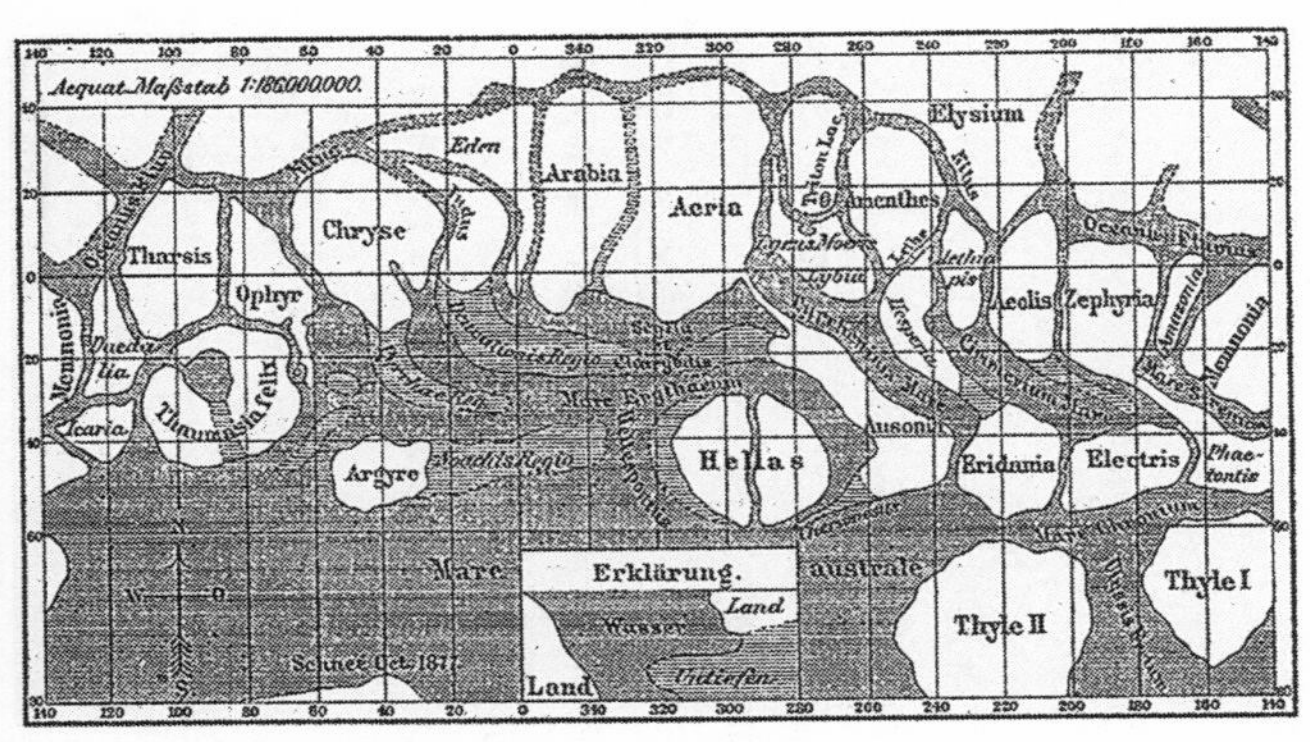


図1－5　スキャパレリの火星スケッチ（1877）

星と同じ軌道を描いていることを明らかにしました。つまり流星群が彗星から生じていることを初めて示したのです。この功績の後も二重星や水星・金星などの研究で多くの成果をあげ、一八六二年にイタリア・ミラノのブレラ天文台長となり、また後にイタリアの上院議員も務めました。一八七四年にはこれまでの功績により、彼の天文台に最新鋭の二二センチメートル屈折望遠鏡が設置されました。

一八七七年九月、スキャパレリはこの屈折望遠鏡で火星の観測を開始し、多くのスケッチを行いました（図1－5）。それまでにも望遠鏡で火星を観測してスケッチした例は多数あり、暗いところを海、明るいところを陸として様々な名前がつけられていましたが、スキャパレリのスケッチはそれらを凌駕するものと評価されました。彼は海や陸地に新たに命名しました。また、彼は火星には水が豊富にあると信じていました。

さて、ここで火星の「運河」が登場します。一八五八年に火星地図を作ったイタリアの天文学者アンジェロ・セッキ（一八一八～一八七八）は、火星の中に筋を見つけ、それを水路（イタリア語でカナリ canali）とよびました。イタリア語のカナリには運河（英語で canal）も含まれますが、人工的なものに限るというニュアンスはありません。スキャパレリも同様の筋を多数見いだし、セッキにならってカナリと名付けました。さらに、二年後の火星接近（一八七九～一八八〇）の折には、カナリが二重になっていることも報告しており、後年のスケッチには明確にカナリを記しています。

スキャパレリの発表は英語圏にも紹介されました。イギリスにはライバルのナサニエル・グリーン（一八二三～一八九九）がおり、同様の火星地図を作製していました。彼はスキャパレリがいうような運河は見えなかったと報告するなど、当初は否定的な意見が多かったようです。しかし、一八七九年の接近時には何人もの英語圏の天文学者も運河を見つけたという報告をしたため、火星の「運河」の存在を肯定的に捉える人も増えていきました。

### ローウェル天文台と火星運河説の興亡

一八九〇年代に、あらたにこの火星運河論争に参戦したひとりのアメリカ人がいました。パーシヴァル・ローウェル（一八五五～一九一六）です。彼はマサチューセッツ州の名家の出で、ハーヴァード大学で数学などを学び、一八七六年に優秀な成績で卒業しました。その後、しばらく家業を継ぎ、その間、日本へもたびたび来訪しましたが、一八九三年にアメリカに戻り、天文学に傾注することになります。

スキャパレリの火星運河説に興味を抱いたローウェルは、論争に決着をつけるためには、より優れた観測が不可欠であると考えました。そこで、一八九四年に私財を投じてアリゾナ州のフラッグスタッフに「ローウェル天文台」を創設しました。フラッグスタッフはアリゾナ側のグランドキャニオンへの玄関口であり、標高二二〇〇メートルの乾燥した高地にあるため天体観測に適しています。ここでは六一センチメートル屈折望遠鏡などを用いて火星の観測を継続しました。そしてスキャパレリが発見したよりもさらに多くの「運河」を見つけたと報告しました（図1－6）。

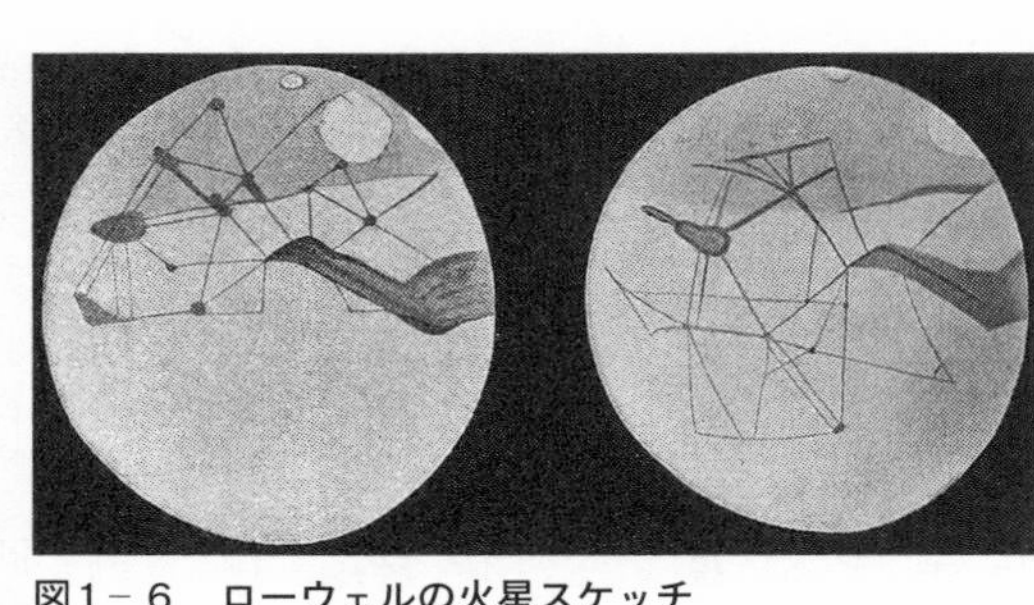

図1－6　ローウェルの火星スケッチ

ローウェルはスキャパレリと異なり、火星は水の惑星ではないと考えました。そして、両極の極冠の氷が夏に融けた時、その水を運ぶため、火星の知的生物が運河を作ったと考えました。火星の暗い部分の色が変わるのは植生の変化のためとしました。ローウェルの説は天文学者の間で賛否の論争を引き起こしましたが、どちらかといえば否定的な批評が多かったようです。しかし、ローウェルが一八九五年に一般向けに出版した『火星』という本は非常によく売れました。

二〇世紀初頭になっても火星運河に関する論戦は続きましたが、望遠鏡の性能向上とともに運河＝錯覚説が優勢になっていきました。惑星表面には不規則にならぶ点があり、これを解像度の悪い望遠鏡で見ると、点と点が繋がって運河状の組織に見えるというものです。一九〇九年の火星大接近の折、ギリシャ人天文学者のウジェーヌ・アントニアディ（一八七〇～一九四四）はムードン天文台（フランス）の八三センチメートル屈折望遠鏡で火星を観測すると、運河と報告されていた筋が多くの点になることを報告しています。しかし、ローウェルらは死ぬまで自説を捨てることはありませんでした。

火星の運河説が完全に否定されたのは、一九六五年七月、NASAの探査機マリナー4号が火星に接近し、その写真を送ってきた時でした。そこにあったのは運河や植生ではなく、月に似たクレーターだらけの荒れ地でした。

## 火星人襲来

ローウェルの『火星』がベストセラーになったこともあり、火星運河説は一般にもなじみ深いものになりました。運河があるということは、運河を作った知的生命、すなわち火星人が存在することになります。では火星人とはどのような生物なのでしょうか。そのイメージを作りあげたのが、イギリスの作家、H・G・ウェルズ（一八六六～一九四六）です。彼は、フランスのジュール・ヴェルヌ（一八二八～一九〇五）と共にSFの父とよばれる作家であり、『タイム・マシン』（一八九五）、『モロー博士の島』（一八九六）、『透明人間』（一八九七）などの傑作を次々と発表してきました。ちょうどその頃にローウェルの『火星』が刊行されたのです。ウェルズはこれに触発されて小説『宇宙戦争』を書き、同作は一八九七年にイギリスの「ピアソンズ・マガジン」とアメリカの「コスモポリタン」という二つの雑誌に同時に連載されました。ピアソンズ・マガジンの挿絵はウォーウィック・ゴーブルが描きました。ウェルズから「想像できる最も異様な姿」だと聞き、カニとイカを混ぜあわせたような姿に描いたそうです（図1－7）。翌年には単行本としても出版されました。

**図1－7　ウェルズの『宇宙戦争』の挿絵**（1897）

『宇宙戦争』は、火星人が火星の寒冷化・乾燥化のために地球への移住を図り、三本足の「トライポッド」などの武器で地球を攻撃するというストーリーです。火星人は地球人の反撃をものともせずに快進撃をつづけますが、最後は地球の微生物に感染して病気になってしまったため、地球人が勝利します。『宇宙戦争』はその後もいろいろな形で翻案されつづけ、今日に至っています。挿絵も様々な画家が描いてきましたが、タコのような形態に書かれることが多く、火星人＝タコというイメージができました。ウェルズは、進化論にも傾倒しており、地球人も今後進化を続けるならば、頭脳が発達し、他の器官は退化するため、このようなタコ型になっていくと考えました。なお、『宇宙戦争』の原題はThe War of the Worlds、つまり世界間の戦争であり、これはコペルニクス以降、地球外生命について議論されるときに使われる「世界の複数性」という言葉に由来しています。

一九三八年一〇月三〇日、アメリカではCBS系列のラジオ番組から火星人襲来のニュースが流れました。これはウェルズの原作をもとにしたラジオドラマ『宇宙戦争』でしたが、名優オーソン・ウェルズの語りが真に迫っていたため、すっかり実際のニュースだと間違えてパニックに陥った人もいたといいます。それほどローウェルらにより提唱された「火星に知的生物がいるかもしれない」という可能性は一般の人々にも浸透していたのでしょう。

『宇宙戦争』の後、火星を舞台とした小説は、エドガー・ライス・バローズ（一八七五〜一九五〇）の『火星のプリンセス』（一九一七）などの火星シリーズ（スペースオペラ）、レイ・ブラッドベリ（一九二〇〜二〇一二）の『火星年代記』（一九五〇）など多数出版され、火星や他の惑星の生物は黎明期のSF小説の中でも重要なテーマとなりました。

## 宇宙探査の夜明けと圏外生物学の興り

一九五七年一〇月四日、ソビエト連邦（当時）は世界初の人工衛星スプートニク1号をバイコヌール宇宙基地（現カザフスタン）から打ち上げ、宇宙時代の幕を開きました。ソ連に先を越されたアメリカや西側諸国は「スプートニクショック」に襲われました。翌一九五八年一月三一日、約三ヵ月遅れで米国NASAは初の人工衛星エクスプローラー1号の打ち上げに成功しました。

この後、一九五九年には一月にソ連のルナ1号、三月にNASAのパイオニア4号が月探査を開始しました。一九六一年四月にはソ連がヴォストーク1号にユーリイ・ガガーリンを乗せて打ち上げ、世界初の有人飛行に成功しましたが、その三週間後にはNASAがアラン・シェパードが搭乗したマーキュリー・レッドストーン3号の弾道飛行でこれに追随しました。

次なるターゲットとして、火星探査が一九六〇年から、金星探査は一九六一年から両国で試みられましたが、当初は失敗が相次ぎました。金星探査に最初に成功したのはNASAのマリナー2号（一九六二年八月打ち上げ）、火星に到達して写真を送信できたのはNASAのマリナー4号（一九六四年一一月打ち上げ）が最初でした。このような熾烈な米ソの宇宙開発競争のただ中、ジョン・F・ケネディ大統領は一九六一年に議会において「一九六〇年代末までに人間を月に着陸させ、安全に地球に戻す」との演説を行い、アポロ計画がスタートしました。

このように宇宙開発が活発になることに、危機を覚えた科学者がいました。当時スタンフォード大学教授だったジョシュア・レーダーバーグ（一九二五～二〇〇八、図1－8）です。彼は一九五八年にノーベル医学生理学賞を受賞した著名な医学者・生物学者でしたが、スプートニク打ち上げのニュースを聞き、地球から打ち上げられたロケットに付着した地球生物が他の惑星を汚染したり、反対に他の惑星の未知の生物を地球に持ち込んだりする危険性について考えました。そして、このことを一九六〇年に第一回国際宇宙シンポジウムで発表し、「圏外生物学（Exobiology、エクソバイオロジー）」という新しい分野を作ることを提案しました。Exo（エクソ）とは「外の」という意味の接頭語であり、この場合、具体的には地球圏外のことを意味します。宇宙開発を進める際には生物学者も参画すべきであるという彼の提案を受け、NASAは一九六〇年に圏外生物学部門を設立しました。圏外生物学の主要な研究テーマは、生命の起源・進化の研究と地球外生命探査です。レーダーバーグの最も危惧した惑星間での微生物汚染を扱う分野は「宇宙検疫（Space quarantine）」あるいは「惑星保護（Planetary protection）」とよばれており、最近ますますその重要性が高まっています（第８章）。

図１−８　ジョシュア・レーダーバーグ

## アポロ計画からヴァイキング計画へ

アポロ計画を提唱したケネディ大統領は一九六三年にテキサス州ダラスで暗殺されてしまいました。しかし、NASAはその後もアポロ計画を続行し、一九六九年七月二〇日、アポロ11号の機長ニール・アームストロング（一九三〇〜二〇一二）はついに月面に立ちました。アポロ11号は月の岩石試料二二

図1－9　隔離施設内のアポロ11号搭乗員とニクソン大統領　©NASA

キログラムとともに帰還し、北太平洋に着水しました。月面に微生物がいる可能性を考えて、三名の宇宙飛行士は生物隔離服を着て、回収用のヘリコプターに乗り、空母ホーネットに設置された移動式隔離施設に入りました。本土への到着後には月試料受入研究所内の隔離施設に入り、合計二一日間の隔離措置を受けました（図1－9）。月の石試料も同様に隔離を受けました。アポロ12号、14号の場合も同様な措置が行われましたが、15～17号では月に微生物がいる可能性が極めて低いことがわかったため、隔離措置は行われなくなりました（13号は事故のため月に着陸せずに帰還しました）。

アポロ後の有人活動は宇宙ステーションなどの地球周回軌道でのものに限定されてきましたが、無人の探査は、火星・金星など、多くの太陽系天体を対象に行われてきました。とりわけ一般の注目度が高いのが火星です。スキャパレリ、ローウェルの「火星運河」や「火星人」はマリナー4号の写真により否定されましたが、微生物が存在する可能性は残っています。そこで火星に生命がいるかどうかを調べるため、ヴァイキング1号、2号が一九七五年に打ち上げられました。二機は翌年七月および九月に相次いで火星に着陸し、生命探査を行いましたが、生命が存在する証拠は得られませんでした。これにより、一般の人々の火星生命熱はしばらく冷めてしまうことになります。しかし、近年、過去の火星に生物がいた可能性は高まっており、火星生命が現存している可能性も議論されています。詳細は第4章で紹介しましょう。

## 圏外生物学からアストロバイオロジーへ

圏外生物学は「地球外を対象とする生物学」ではあっても、まだ地球外生命が一例も見つかっていないことから、まずは「地球内」の生物を基礎に考えるしかありません。ヴァイキング計画も、地球の微生物研究の知識をもとにした方法で生命を検出しようとしました。

ところが、一九七〇〜八〇年代にはそれまでのわれわれの生物に関する常識を一変させる報告が相次ぎました。地球の生物は、かつて動物界・植物界・原生生物界（微生物）などと分類され、地球の生態系はすべて植物が太陽光をエネルギーとして合成した有機物に依存していると考えられてきました。

しかし、一九七七年、ジョン（通称ジャック）・B・コーリスらが潜水艇アルヴィンに乗り込み、ガラパゴス沖の深海底を探査していたところ、海底から熱水が噴き出しており、その周辺に様々な生物からなるコロニーが存在することを見つけました。つまり、太陽光が全く届かない暗黒の世界には、太陽光に全く依存しない暗黒生物圏が存在することもわかったのです（詳細は第5章）。

また、一九八〇年代には一〇〇℃を超える温泉水中などの高温環境の他、低温、高放射線、高塩濃度などの「極限環境」にも生物が生息しているのが次々と見つかりました。このようなことから、太陽系には火星以外にも生命探査のターゲットとなりうる天体が多数存在することが示唆されました。一九七七年に打ち上げられたNASAの探査機ヴォイジャー1号、2号が一九七九年に木星に到達し、その衛星エウロパ（ガリレオが発見した衛星の一つ）を探査しました。その観測結果から、エウロパの表面を覆う氷の下に、液体の水が大量に存在する可能性が報告されました。エウロパの氷の下のような暗黒世界は、昔の考えでは生命が存在しえない場所でしたが、新たな生命探査のターゲットに浮上しました（詳細は第5章）。

また、隕石が小惑星のかけらであること、隕石の一部や、彗星中にアミノ酸のような生体分子を含む様々な有機物が存在していることも探査によりわかってきました。これらの事実は、生命の起源を考える上で、宇宙の寄与が重要であることが強く示唆された例です（第2章参照）。

このように、太陽系の中に生命探査の新たな対象となりうる天体や生命の起源研究に関連する天体が次々と見つかり、圏外生物学は発展していきました。そうした中、NASAは一九九六年、南極で回収された、火星から来たとされる隕石「ALH84001」中に過去に火星に生物が存在した痕跡が見つかったと報告しました。このことにより、ヴァイキング計画でいったん否定されかけた火星生命の存在の可能性が復活し、NASAは生命探査を主目的とした火星探査を再開しました。さらに、NASAは宇宙における生命を研究する学問領域を新たに提案し、アストロバイオロジーと名付けました。アストロバイオロジーは「地球および地球外における生命の起源・進化・分布と未来（destiny）」と定義されました。このアストロバイオロジーは、アメリカから世界に拡大し、今日に至っています。

## 太陽系外生命探査

太陽系外に生命は見つけられるのでしょうか。太陽系外となると、最寄りの恒星（ケンタウルス座のプロキシマ・ケンタウリ）でも四・二光年離れており、宇宙で最も速い光をもってしてもたどりつくのに四・二年かかるため、探査機を直接送るのは現実的ではありません。そこで、宇宙で最も高速の光や電波を使った探査が提案されました。ただし、太陽系内生命探査のメインターゲットである微生物は電波では検出できません。こちらのターゲットはまさに「宇宙人」、つまり知的生命体です。このアイディアは、一九五九年にフィリップ・モリソン（一九一五～二〇〇五）とジュゼッペ・コッコーニ（一九一四～二〇〇八）がネイチャー誌に発表しました。このような知的生命探査はSETI（セチ）とよばれてきました（第7章参照）。国際天文学連合の中にSETIを扱う専門委員会ができたのは一九八二年で、このような研究分野は生物天文学（バイオアストロノミー）とよばれてきました。

太陽系外に生命が存在するためには、まず、太陽以外の恒星が惑星を持つかどうかが問題になります。天文学者は基本的に太陽を特別な恒星とは考えません。銀河系内には太陽のような恒星が二〇〇〇億ほどあるとなれば、太陽以外にも惑星をもつ恒星は多数あると考えられます。しかし、多くの天文学者の努力にもかかわらず太陽系外の惑星はなかなか発見されませんでした。

一九九五年、待ちに待った最初の太陽系外惑星が発見されました（第7章参照）。最初の一つが見つかると、あとは続々と見つかるというのはよくあることです。太陽系外惑星のサイズ、中心星からの距離、大気組成などがわかってきました。こうなると、SETI以外の方法で太陽系外に生命が存在可能な惑星が見つかる可能性が増してきました。このような流れと、アストロバイオロジーという用語が科学界でポピュラーになってきたことから、国際天文学連合でも地球外生命を扱う専門委員会を二〇一五年に改組し、名称もアストロバイオロジー委員会としました。

かつて、教会の力により地球外生命がいるかどうかを考えることすらできない時代が長く続いてきました。地動説が徐々に認められ、地球外生命の可能性を考えることはタブーではなくなりましたが、いわゆる近代科学の手法でその存否が決定できると考える科学者は少数派でした。その状況が大きく変わったのが二〇世紀末なのです。太陽系内・太陽系外の生命探査を科学的に追究するアストロバイオロジーがまずは欧米で、また最近になって遅ればせながら日本でも認知されてきています。

地球外生命が存在するかは、まず、生命の誕生が地球だけに限られたものか、宇宙で普遍的に起きるものかということに大きく依存します。次章ではまず、地球および他の惑星上での生命の起源について考えてみましょう。

# 第２章
# 生命の誕生は必然か偶然か

## 生命とは何か

地球外生命を探すとしたら、まず、何を生命とよんでいいのかが問題になります。生命とは生物がもつ性質ですが、生命を定義するのは極めて難しく、科学者によってその定義もさまざまに変わります。オーストリアの物理学者で量子力学の父とよばれるエルヴィン・シュレディンガー（一八八七〜一九六一）は、一九三三年にノーベル物理学賞を受賞後、生命とは何かに興味を持ちました。彼はその著書『生命とは何か』（一九四四、図2－1）の中で、生命を「負のエントロピーを食べていきているものである」と定義しています。しかし、この定義に従って地球外生命を探すのは大変そうです。NASAは二〇世紀末以降、地球外生命の発見を惑星探査の大きな目的に掲げています。現時点でのNASAの生命の定義は、米国ソーク研究所教授のジェラルド・ジョイス（一九五六〜　）のアイディアに基づき、「ダーウィン進化が可能な自立した化学系」としています。進化ということにかなり重きを置いているのですね。

なぜ生命の定義が難しいか――何かを定義するときには、その範疇に入る複数のものの共通の性質を考える必要があるのに対し、地球には実は「生命」の仕組みは一種類しかないためです。地球には単細胞の細菌から植物やヒトを含む動物まで様々な生物がいます。生物の進化は、かつては形態の違いから議論されてきましたが、二〇世紀後半以降の分子生物学の発達により、生物の基本的分子であるタンパク質や核酸の構造を比較し、近縁のものを線でつないで「分子系統樹」を作ることにより詳細な議論が可能となりました。一九八七年、カール・ウーズ（一九二八〜二〇一二）はこの手法により、地球上のすべての生物を古細菌（アーキア）・真正細菌（バクテリア）、真核生物の三種類（3ドメイン）に分類し、すべての生物が一種類の生物から派生したことを示唆しました（図2−2）。この根元にある生物が、全地球生物の共通の祖先です。つまり、地球上の生物は、見た目はチンパンジー、タンポポ、大腸菌、さらに過去に生存した三葉虫やティラノサウルスなど、様々に異なれど、すべては同じ祖先をもつ親戚同士であり、それらが生きていくための化学的な仕組みはみな同じなのです。一種類しか存在しないものを定義することは難しいのですが、その特徴を記述することは可能です。ここでは地球生命の特徴をみていきましょう（図2−3）。

**図2−1　シュレディンガーの『生命とは何か』**

まず第一に、地球生物は水と有機物を主とするさまざまな化合物でできており、それらの間での化学反応により自分を維持しています。このうち水は溶

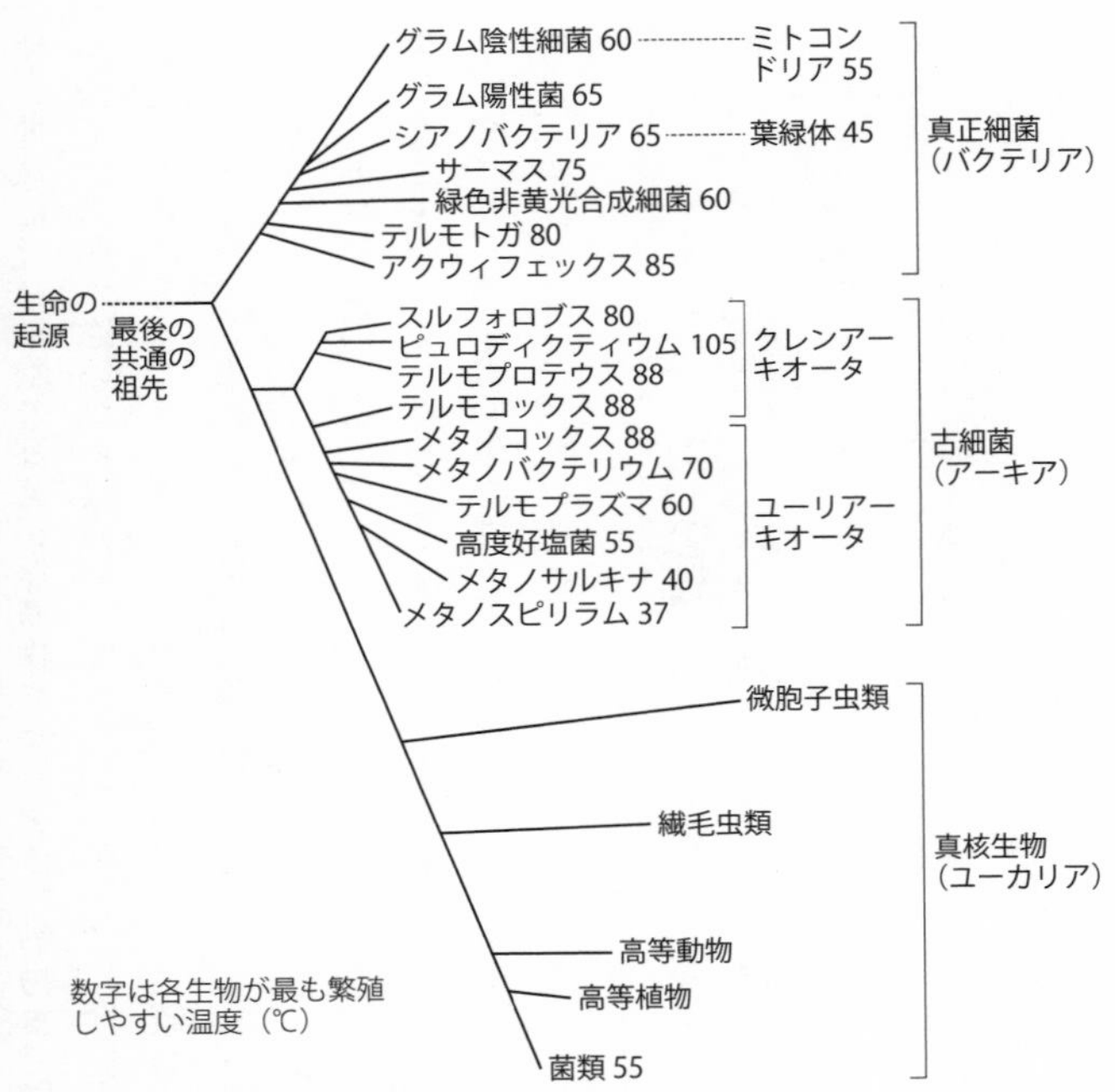


**図2－2　分子系統樹と共通の祖先**

媒として有機物などを溶かし込み、化学反応が起きやすい環境を作っています。有機物は、炭素化合物（二酸化炭素など、一部の単純な炭素化合物は無機物に分類されます）のことですが、炭素原子は他の四つの原子と結合可能な性質があるため、炭素、水素、酸素、窒素などと結合して極めて多様な分子を作ることができます。

第二に、地球生命は一個もしくは多数の細胞からできています。言い換えれば、生命をもつものは外界との境界をもっています。この細胞の境

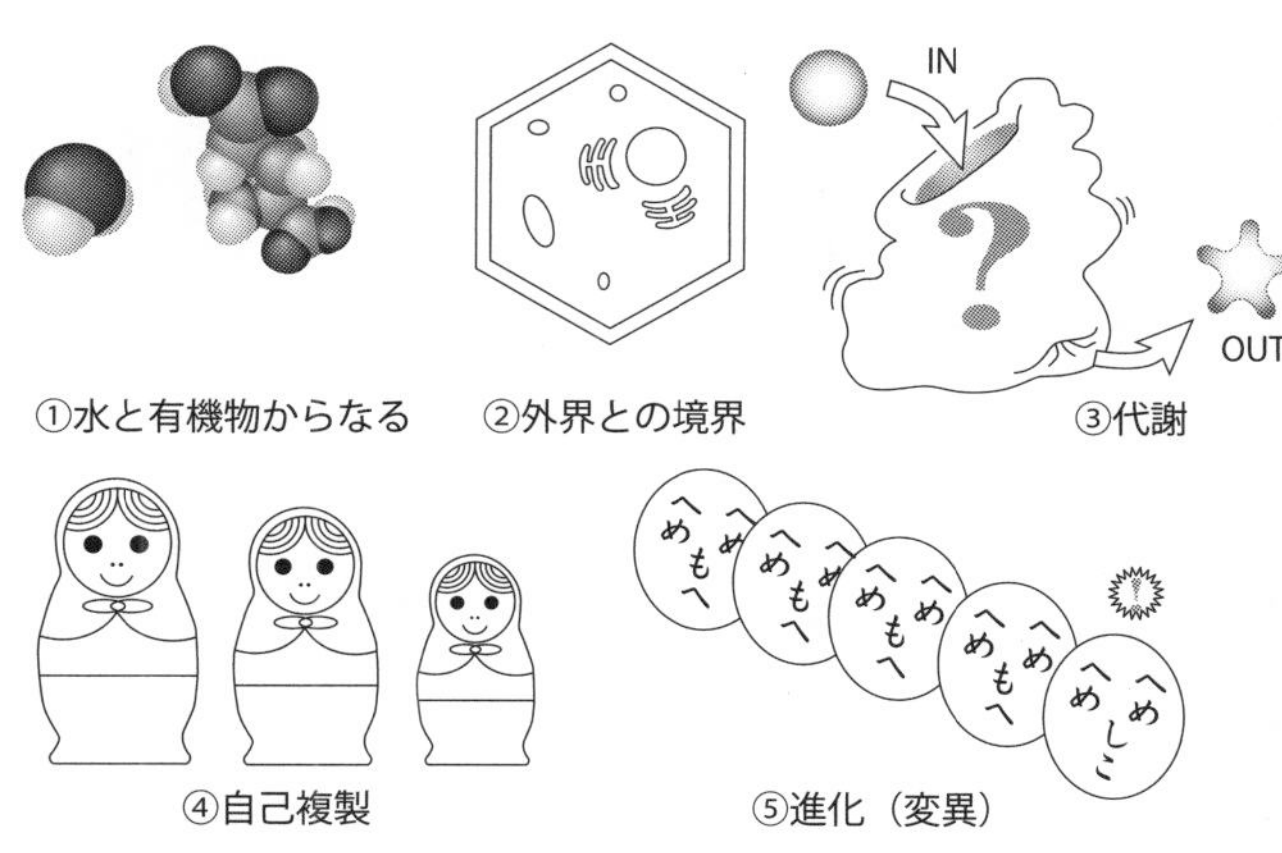


**図２－３　地球生命の特徴**

界のことを細胞膜とよび、動物・植物を含むすべての生物がもっていますが、主にリン脂質とよばれる物質からできています。

第三に、外界から物質やエネルギーを取り込んで、細胞内で化学反応させることにより、新たな物質やエネルギーを生み出します。化学反応は精密にコントロールされているため、細胞内は基本的に同じ状態に保たれています。生きている細胞を外から見ていると、あまり変化しないように見えますが、実は細胞内の分子は常に化学反応によって置き換えられているのです。このことを一言で表すと、生命は「代謝を行い、それにより恒常性を維持している」となります。一方、死んだ細胞内の有機物や、細胞外の有機物は徐々に分解されて、より単純で安定な分子（二酸化炭素など）になってしまいます。代謝のために、必要な化学反応を促進する必要がありますが、ここで用いられるのが酵素であり、その多くはタンパク質とよばれる有機物です。

第四に、生命は自分と同じようなもの（細胞、個体）を殖やすことができます。細胞レベルでは一つの細胞が分裂して同じ性質の二つの細胞になりますし、有性生殖を行う多細胞生物の場合は、子は親と同じ種類の生物として誕生します。カエルの子はカエルというわけです。このような「自己複製」には核酸とよばれる有機物が用いられています。

そして、最近になって特に注目されているのが第五の特徴、進化です。核酸という分子は自己複製において、通常は自分と全く同じ核酸分子を作り出しますが、コピーする時に若干のコピーミスを起こすことがあります。このことにより、親と少し異なる子供（変異体）ができます。とりわけ環境が大きく変わった時などには、変異体の方がもとのものよりも生存に有利になることがあります。このような個体が環境により選択され、より繁栄していく、これがダーウィン進化（適者生存）の考え方です。地球環境は、これまで大きく変動してきたにもかかわらず、共通祖先の誕生以降、地球生命の系統はとぎれることなく約四〇億年続いてきたのです。NASAの生命の「定義」に「ダーウィン進化」という文言が入っているのは、このためです。

## 生命起源研究の始まり

生命がどのようにして誕生したのか。それは宇宙での必然なのか、地球という特殊な環境での偶然なのか。生命の起源は地球外生命を考える上で避けられない問題です。まずは生命起源研究の歴史をみておきましょう。

第1章でも登場した古代ギリシャの哲学者アリストテレスは生物学の研究も行い、『動物誌』という本を著しています。この本の中で彼はある種の生物は自然発生すると述べています。その頃は微生物は知られていなかったので、ここで自然発生するとされたのは草の露から生まれるとされるミツバチなどの昆虫や、海底の泥から生まれるとされるウナギ・タコなどの動物たちです。ヨーロッパの中世においては、キリスト教会がアリストテレスの著作は正しいというお墨付きを与えたため、動物の自然発生説は、天動説などとともに批判されることなく信じられつづけました。一七世紀に至っても、たとえばオランダの化学者ヤン・バプティスタ・ファン・ヘルモント（一五七九〜一六四四）は、汚れたシャツと小麦を二一日間置いておくとハツカネズミが誕生したと報告しています。いつでも自然発生が起きるとなると、最初の生命がどうして発生したかという問題は起きません。東洋でも、例えば日本の暦の七十二候の中に「腐草為蛍（くされたるくさほたるとなる）」があるように、かつては蛍も土の中で朽ちた草から自然発生すると考えられていました。つまり、一七世紀まで、人々は「生命の起源」には興味を持ちようがありませんでした。

しかし、一六六八年イタリアの生物学者フランチェスコ・レディ（一六二六〜一六九七）は、複雑な動物が自然発生することに疑問を持ち、次のような実験を行いました。二つのフラスコを用意し、それぞれに肉を入れます。片方のみ口を紙で覆って放置します。数ヵ月置くと、どちらの肉も腐っていましたが、口を覆っていなかったフラスコの中にはハエのウジがわいていたのに対し、口を塞いでいた方はウジがわいていませんでした。つまり、ウジはハエが入ってきた時のみ生まれるのであって、自然発生したわけではなかったのです。

レディの実験の少し後の一六七四年、オランダでは、アントニ・ファン・レーウェンフック(一六三二～一七二三)が手製の顕微鏡でいろいろなものを拡大して観察し、微生物を発見しました。動物が自然発生しないとしても、ちっぽけな微生物ならば自然発生してもよかろう、と多くの科学者は考えました。しかし、微生物の研究者の中には、微生物も十分に複雑なものであることを見抜き、そのようなものが簡単に発生するわけがないと考える人もいました。そのひとりがフランスのルイ・パストゥール(一八二二～一八九五、図2-4左)です。

パストゥールの実験は基本的にはレディの実験と同じです。図2-4右のようなフラスコにスープを入れ、その首を引きのばした後に煮沸しました。これは、スープ中にいた微生物を殺すためです。引きのばされた首からは空気は入りますが、空気中の塵(微生物を含む)は入りこめません。本当は、首を封じたいところでしたが、そうしなかったのは「自然発生に必要な空気が外から入れない」という批判があったためです。この状態で何ヵ月か放置しても、この首をのばしたフラスコ(白鳥の首フラスコ)中のスープは腐らず、透明なままでした。この首を折って塵が入るようにしたところ、スープは腐って濁り、その中に多数の微生物が観察されました。つまり、微生物はスープの中で発生したのではなく、外から入ったものであることが証明されました。この結果は一八六〇年に発表され、自然発生説論争は終止符を打たれました。

これとほぼ同じ一八五九年、ダーウィンは『種の起源』を発表し、自然選択による生物進化論を唱えました。生物進化論によれば、すべての生物種の起源は進化によると説明できます。ただ一つ、最初の生物を除いて！　つまり、自然発生できないはずの最初の生物種はどのようにして誕生したか、つまり生命の起源が新たな問題として浮かび上がったのです。ダーウィン自身も一八七一年に彼の友人ジョゼフ・ダルトン・フッカー（一八一七～一九一一）に宛てた手紙の中で、次のように述べています。

「かつて存在した、生物が最初に作られるためのすべての条件は、今日も存在しているといわれています。しかし、もし（なんと難しい「もし」なんでしょう！）ある種のアンモニアやリン酸塩を含む小さな暖かい池に、光・熱・電気などが存在したならば、そこでタンパク質が化学的に生成し、さらに複雑なものに変化したでしょう。今日ではそのような物質はすぐに食い尽くされたり吸収されてしまうでしょうが、生物が誕生する前だったら、そうはならなかったでしょう。」

今からみても、この「もし」はかなりいい線をいっていると思う

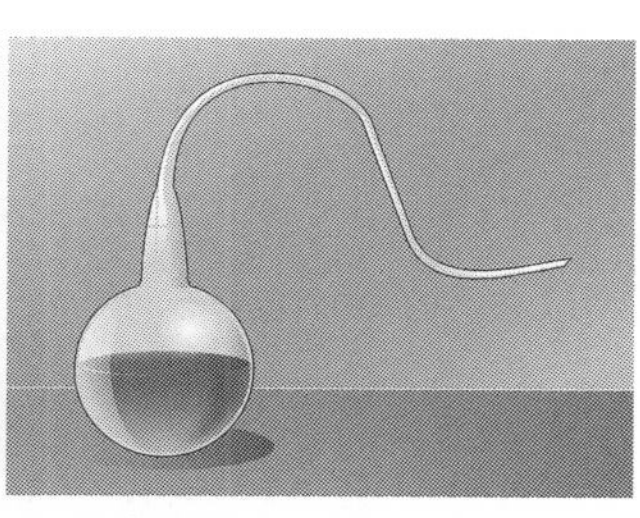

**図2－4　パストゥールと白鳥の首フラスコ**

のですが、ダーウィンはそれ以上、この問題に関わらなかったようです。

### オパーリン・ホールデン仮説

一九世紀末から二〇世紀初頭にかけては、地球外から生命の種が届けられたとする「パンスペルミア説」(第8章で詳述)が何人かの科学者により唱えられたことを除けば、生命の起源の問題に関してあまり進展はありませんでした。研究が大きく動き出したのは一九二〇年代になってからです。

一九二四年、ロシアの生化学者アレクサンドル・オパーリン(一八九四〜一九八〇)は『生命の起源』というロシア語の本を出版しました。この本の中で、オパーリンは原始地球はメタンやアンモニアを多く含む大気をもっていたと推定しました。このような環境から生命の材料となる有機物が生成し、海に溶け込み、さらに化学反応により複雑な分子となったと考えました。水にアラビアゴムやゼラチンといった有機物を溶かすと、球状の構造体(コアセルベート)が生成します。このような構造体(原始細胞)がさらに進化を経て最初の生命になったというのがオパーリンの生命起源説です。

ほぼ同時期の一九二八年、イギリスではジョン・ホールデン(一八九二〜一九六五)がほぼ同じような考えを雑誌「理論家年報」に発表しました。彼はロシア語はできなかったので、オパーリンの本のことは知らず、オパーリンも英語が苦手でホールデンのことは知らなかったようですが、二人のアイディアは極めて似通っており、現在では「オパーリン・ホールデン仮説」とよばれています。この仮説は別名、化学進化仮説ともよばれますが、生物が単純なものから複雑なものへと「進化」するのと同様に、物質も単純な物質から複雑な物質へと変化していき、生命に至ったとする考えで、今日の生命起源研究も基本的にはこの流れの延長線上にあります。

ただ、「化学進化」というのはなるほどと思わせますが、問題はどのようにして検証するかです。二〇世紀前半の人々は、化学進化には長い時間がかかるため、その実証は極めて困難と考えていました。

## ミラーの実験と古典的化学進化シナリオ

生命の起源研究が本格化したのは二〇世紀も半ばとなった一九五〇年代でした。まず、ノーベル化学賞を受賞したメルヴィン・カルヴィン（一九一一〜一九九七）らのカリフォルニア大学グループは、二酸化炭素と二価の鉄イオンを溶かした水に加速器からの高エネルギーヘリウムイオンを照射すると、ホルムアルデヒドやギ酸が生成したと一九五一年に報告しました。出発材料は原始地球上にあったと考えられる無機物であり、生成された二種類の化合物は有機物です。高エネルギーヘリウムイオンは、原始地球上に多く存在した放射性元素から放出されます。つまり、原始地球上でも無機物から有機物が簡単に生成されることが証明されたわけです。

ただ、これらの有機物はアミノ酸などの生体を構成する有機物そのものでなかったこともあり、それほど評判にはなりませんでした。

一九五三年、シカゴ大学のスタンリー・ミラー（一九三〇〜二〇〇七）は、メタン・アンモニア・水素・水の混合気体の中に挿入した一対の電極間で火花を飛ばす実験を行ったところ、アミノ酸が生成したと報告しました。これらのガス成分は、彼の先生だったノーベル化学賞受賞者のハロルド・ユーリー（一八九三〜一九八一）が考えた原始地球大気の主要成分で、また火花放電は雷を模したものでした。アミノ酸は私たちの体を作っているタンパク質のもとになる分子で、最も重要な生体分子の一つといえます。それが「原始大気」から簡単に生成したことに多くの研究者は驚きました。そしてこの後、生命の起源研究は活発に行われていくことになります。

当時、原始地球大気組成に関しては、二酸化炭素を主とする説と、メタンを主とする説が対立していました。ミラーの実験で、材料を二酸化炭素・窒素に変えると、ほとんどアミノ酸が生成しないことから、原始大気＝メタン・アンモニア説が人気を博しました。メタン・アンモニアを使えば、火花放電（雷）のみならず、太陽からの紫外線や火山の熱、隕石衝突エネルギーなどでもアミノ酸が生成できることもわかりました。このため、一九六〇〜七〇年代を中心に、他の研究者たちは、同様の出発材料から核酸塩基を合成したり、アミノ酸をつないでペプチドを作ったりする実験を行いました。また、ミラーとユーリーは、原始大気中で火花放電によって生じたアルデヒドやシアンとアンモニアが反応してアミノ酸ができたと考えました。これらの結果から、化学進化は原始地球の特別な環境下で、小さい分子からより大きい分子へと徐々に進行したという考え方が広まりました（図２－５）。

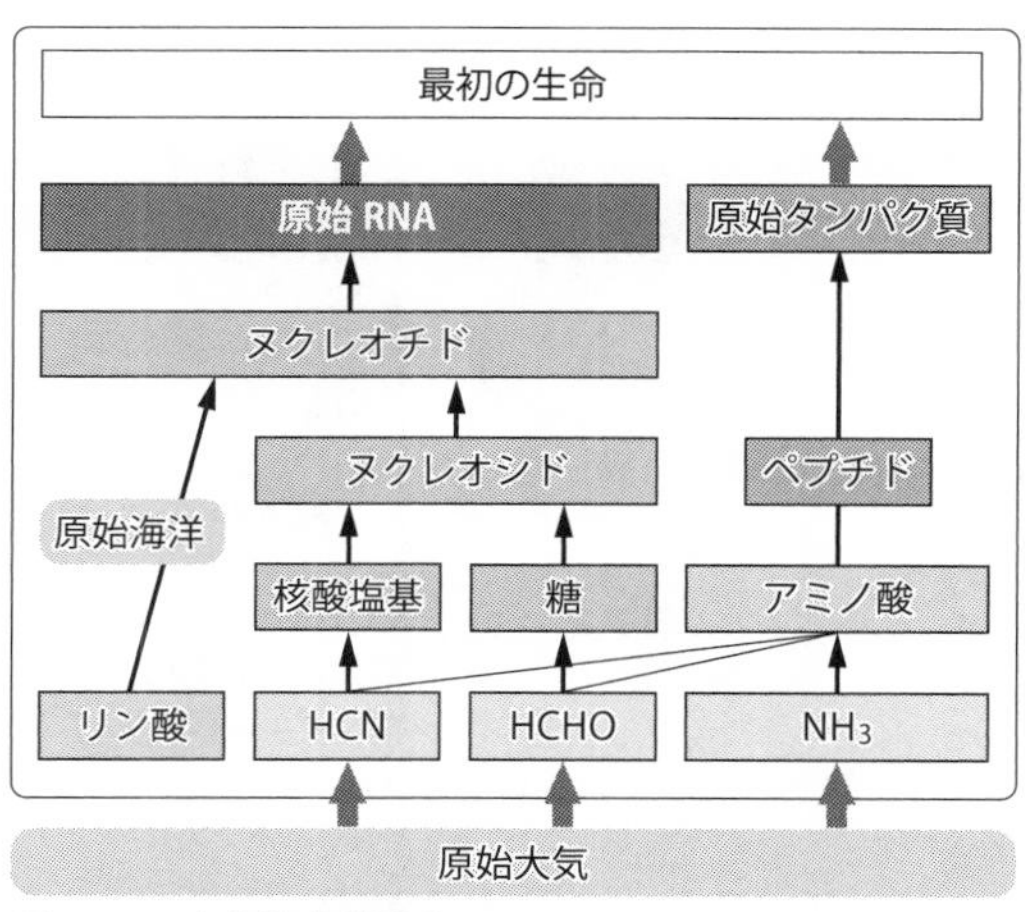


図２－５　古典的化学進化シナリオ

## 地球生命を支える物質

先に地球生命の特徴を述べた際、地球生物の体を構成するものとしてあげた物質をまとめてみますと、まず水、そして有機物としてはリン脂質、タンパク質、核酸です。リン脂質は第二の特徴で用いられますが、境界として用いるのには他の物質も利用可能なのでひとまず措（お）いて、残りのタンパク質（第三の特徴）と核酸（第四・五の特徴）をここで少し詳しく見ておきましょう。少し細かい話なので、ざっと読み流していただいても結構です。

タンパク質は基本的にはアミノ酸という分子を一列につなぎ合わせてできています。アミノ

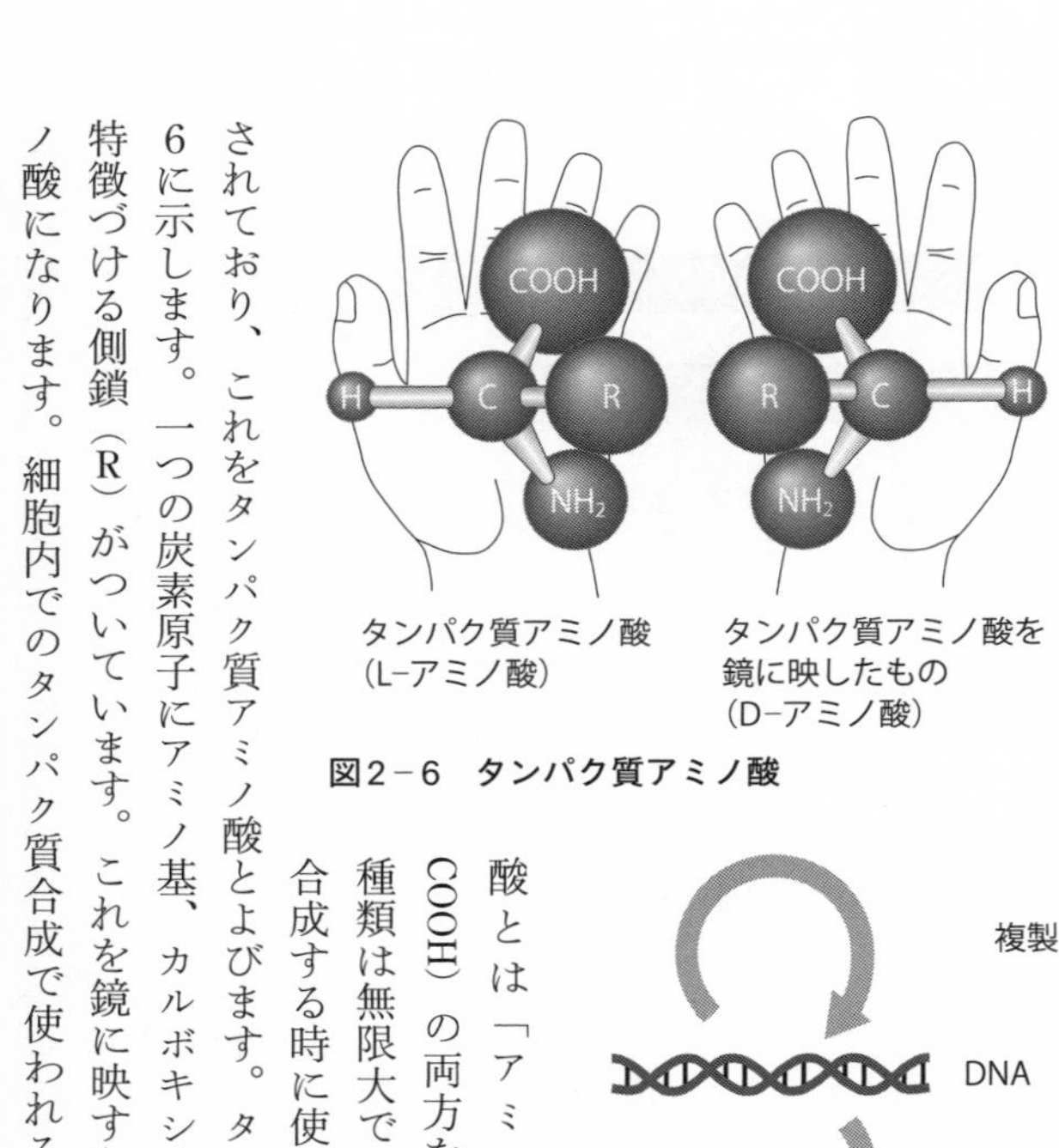


図2−6　タンパク質アミノ酸



図2−7　セントラルドグマ

酸とは「アミノ基（$-NH_2$）とカルボキシ基（$-COOH$）の両方をもつ有機分子」のことであり、その種類は無限大です。しかし、地球生物がタンパク質を合成する時に使われるものは基本的に二〇種類に限定されており、これをタンパク質アミノ酸とよびます。タンパク質アミノ酸の基本構造を図2−6に示します。一つの炭素原子にアミノ基、カルボキシ基、水素、そして各アミノ酸の性質を特徴づける側鎖（R）がついています。これを鏡に映すともとのものとは重ならない別のアミノ酸になります。細胞内でのタンパク質合成で使われるものはすべて図の左に示した左手型（L型とよびます）です。右左の問題は第9章でもう一度考えてみようと思います。

タンパク質が代謝のための触媒として働くためには、どのアミノ酸をどの順番でつなぐかが重要になります。この順番という情報を持っているのが核酸です。核酸にはデオキシリボ核酸（DNA）とリボ核酸（RNA）の二種類があり、情報はDNA→RNA→タンパク質の順に伝えられます。これが地球生命の根幹をなす仕組みであり、「セントラルドグマ」とよばれています（図2－7）。

では、この情報はどのようにして伝えられるのでしょうか。図2－8にDNAの構造を示しました。DNAはデオキシリボヌクレオチドという分子がつながったものです。デオキシリボヌクレオチドは四種類の核酸塩基の一つと、糖（デオキシリボース、S）、リン酸（P）が一分子ずつつながったもので、リン酸によって次々とつながって鎖を作ります。DNAの四種類の核酸塩基はアデニン（A）、グアニン（G）、シトシン（C）、チミン（T）ですが、AはTと、GはCと、水素結合という弱い結合で結びつくことができます。この組み合わせを発見者の名前を取って、ワトソン・クリック型塩基対とよびます。このため、DNAの一本の鎖はもう一本の鎖とワトソン・ク

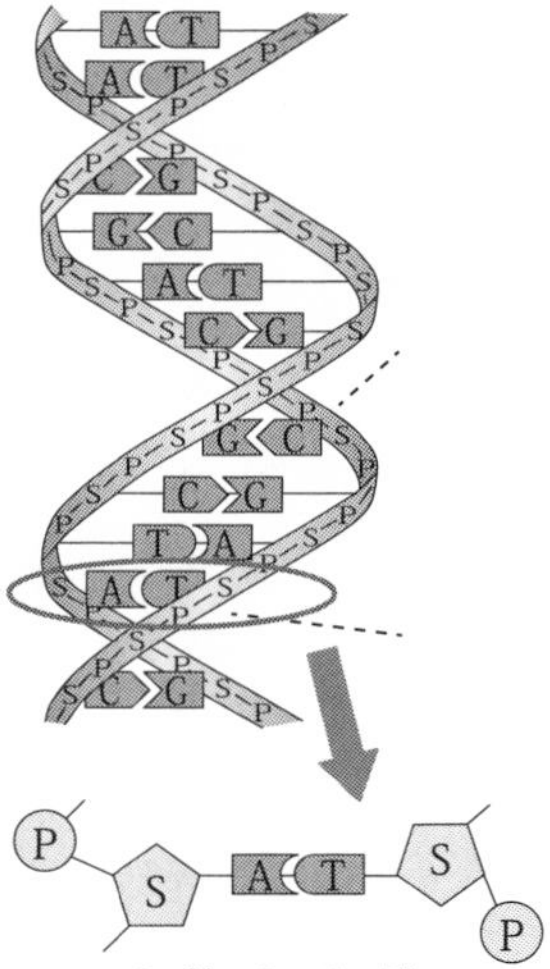

S：糖　P：リン酸

**図2－8　DNAの二重らせん構造**

リック型塩基対により結合して二重らせん構造をとっています。この結合はあまり強固ではないため、二本の鎖をほどくことができ、ほどかれたそれぞれの鎖が鋳型となって、もとのものと全く同じ二つの二重らせんのDNAを作ることができます。このことによりDNAはどんどん自分と同じ分子を殖やすことが可能となります。

DNAの情報をもとにタンパク質を作る時は、いったんDNAからRNAに情報をコピーします。DNAの片方の鎖を鋳型として、RNAを作るのですが、これを転写といいます。RNAはリボヌクレオチドという分子が一列に並んだものです。リボヌクレオチドはデオキシリボヌクレオチドによく似た分子ですが、糖(S)の部分がリボースという別の糖に変わります。また、四つの核酸塩基のうち三つ(A、C、G)はデオキシリボヌクレオチドと共通ですが、もう一つはTの代わりにTとよく似たウラシル(U)を用いています。UはT同様、Aとワトソン・クリック型塩基対をつくります。従って、DNAの–A–C–G–A–T–という情報は、これを鋳型としてできたRNAの–U–G–C–U–A–という塩基配列情報に変換されます。

このRNAの情報をもとにタンパク質のアミノ酸配列が指定されます。RNAの塩基は四種類ですが、三つのヌクレオチド(塩基)の並び方は4×4×4=64種類あり、これにより二〇種類のアミノ酸が指定できます。三つの塩基のならびとアミノ酸の関係を遺伝暗号とよび、地球生物では概ね共通のものを用いています。たとえば、DNAからコピーされたmRNA(メッセンジャーRNAとよばれる）上の－G－C－A－C－U－A－という塩基配列はアラニン－ロイシンというアミノ酸の並びに「翻訳」されます。このようにして、mRNAの（遡ればDNAの）情報によって指定された、同じアミノ酸配列をもつタンパク質が大量に合成されるのです。

## アミノ酸は宇宙でも生成？

一九六〇年代に本格化した太陽系惑星探査の結果、惑星がどのように生成したかについて新たな知見が多く得られるようになりました。その結果、原始地球大気がメタン・アンモニアを多く含むという可能性はほとんどないとされるようになりました。となると、原始地球上ではアミノ酸などはそう簡単にはできなかったことになります。ただ、原始地球大気は現物が残っていないため、その正確な組成はわかりません。模擬実験により、原始大気中に一酸化炭素やメタンが少量でも含まれていれば、宇宙線などのエネルギーである程度のアミノ酸は生成可能であることがわかりましたが、現時点でどのくらい生成したかの推定は困難です。

今日、原始大気中での生成と並んで、いや、それ以上に有機物の起源として注目されているのが地球外物質です。第1章で、一九世紀に隕石中に炭素を多く含むものが見つかり、地球外生命との関係で注目されたことを紹介しました。その後、オルゲイユ隕石などの炭素質コンドライト中にアミノ酸が含まれていたとの報告もなされるようになりました。しかし、地上は地球生物で満ち満ちているので、地球に落下した隕石には地球上のアミノ酸がついてしまった可能性も考えられます。私たちの指紋からもアミノ酸が見つかり、隕石に見つかったと報告されたアミノ酸の組成が指紋からのものに似ていることも指摘されました。では、隕石にはもともとアミノ酸は含まれていなかったのでしょうか。

一九六九年、オーストラリアのマーチソン村に新しい隕石が落下するのが目撃されました。本当に幸運なことに、これは炭素を多く含む「炭素質コンドライト」であり、落下直後に回収されました。また、この年にはアポロ11号が月の石を持ち帰ったため、地球外の物質を分析する体制が整っていたことも幸いし、地上での汚染を最小限に保ったまま分析する技術が開発されていました。注意深い分析の結果、この隕石中にアミノ酸が存在することと、その多くが宇宙由来であることが証明されました。

どのようにして宇宙由来であることがわかるのでしょうか。それは、生物由来のアミノ酸の特徴にあります。タンパク質中に含まれるのはほとんどがタンパク質アミノ酸であり、またほとんどがL体（左手型）です。ところが、隕石からはタンパク質や地球の土壌中に含まれていない「非タンパク質アミノ酸」が多く含まれていることと、L体とD体がほぼ半々に存在していることがわかりました。これらのことから隕石中には地球外でできたアミノ酸が含まれているといえるのです。その後の研究により、隕石には核酸の材料（核酸塩基や糖）も含まれていることも報告されました。

他の天体に地球外物質を取りにいく試みもなされています。NASAが一九九九年に打ち上げた探査機スターダストは、二〇〇四年にヴィルト第二彗星に接近し、彗星から噴き出した塵を集めて二〇〇六年に帰ってきました。サンプルからはアミノ酸の一つ、グリシンが検出されました。日本のJAXAの探査機はやぶさは小惑星イトカワ（S型小惑星）の試料を持ち帰って分析しましたが、アミノ酸は検出されませんでした。でも、これはイトカワが炭素をあまり含まない小惑星であるためでした。はやぶさの後継機「はやぶさ2」は小惑星リュウグウ（C型小惑星）の試料を二〇一九年に採取し、二〇二〇年に無事帰還しました。試料は現在分析中ですが、リュウグウは炭素を多く含む小惑星と考えられますので、アミノ酸の検出も期待されています。NASAの探査機オサイリス・レックスは小惑星ベンヌの試料を採取し、二〇二三年に地球に持ち帰る予定です。B型小惑星のベンヌにも様々な有機物が含まれることが期待されています。

太陽系の生成は現在では次のように考えられています。宇宙空間は真空といわれますが、実は希薄な物質（塵やガス）が存在します。これらがまわりより高濃度に集まった領域は分子雲とか暗黒星雲とよばれています（図2－9右上）。物質の密度が高く、星の光が透過しないため、真っ黒に見えます。分子雲中で、重力によりさらに物質が集まるとやがて中心部で核融合が始まり恒星が誕生します。その周辺にある物質（ガスや塵）は恒星のまわりに円盤状に集まります（原始太陽系円盤）。その中で塵が集まって直径一〇キロメートルくらいの小さい天体（微惑

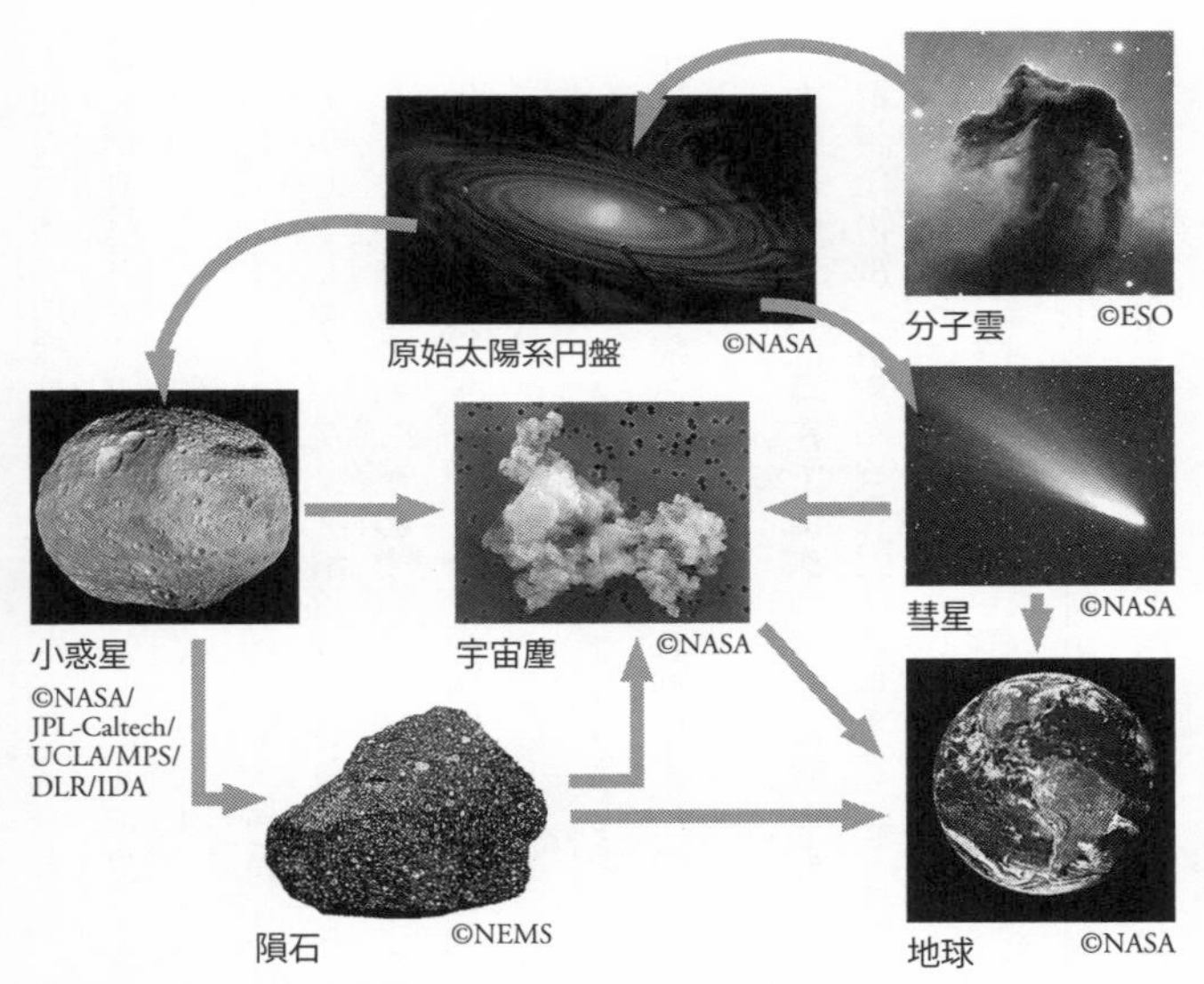


**図2−9　宇宙での有機物の生成と地球への運び込み**

星）が多数できます。これが互いにぶつかりあって合体し、大きくなって地球などの惑星が誕生しました。火星と木星の間では大きい惑星ができず、途中の小惑星の段階で止まったものが多数残り、小惑星帯を作っています。また、海王星軌道の外側にも多数の小天体が残り、これが彗星のもとになったと考えられています。できた頃の地球は極めて高温だったため有機物はほとんど残っていませんでしたが、冷えて海ができた後に地球に降り注いだ隕石や彗星、それらから生じた塵などが有機物を届けてくれたと考えられています（図2−9）。

ではアミノ酸はどの段階でできたのでしょうか。いくつかの可能性が提案されています。そのうち一つは分子雲の段階ですでにできたとするものです。分子雲の中は非常に低温（マイナス二六〇℃くらい）なので水・一酸化炭素・メタノール・アンモニアなどの分子が塵の周りに凍りついていることがわかっています。これに宇宙線などがあたると反応が起きて様々な有機物ができるというモデルです。分子雲を模した氷を作り、これに加速器を用いて宇宙線に似た高エネルギーイオンを照射すると、アミノ酸が生じました。また、小惑星の内部の反応を再現した実験でもアミノ酸ができることがわかりました。つまり、アミノ酸は宇宙では非常にできやすい分子ということができます。

## ＲＮＡワールド説

隕石などで届けられた有機物から、どのようにして生命にまで進化したのでしょうか。この部分に関しては、様々な説が唱えられていますが、まだ定説はありません。その中で有力な説の一つがＲＮＡワールド説です。先に述べたように地球生命の特徴のうち代謝はタンパク質、自己複製と進化は核酸が担っています。つまり、タンパク質と核酸が揃わなければ地球生命の誕生は難しいと考えられますが、それぞれが複雑な高分子であり、両者が同時にできるとは考えにくいのです。そのため、タンパク質（代謝システム）と核酸（自己複製システム）のどちらかがまずできたのではと考える研究者がほとんどです。ではどちらが先か？　これはいわゆる「ニワトリとタマゴ」問題です。しかし、繰り返すようですが、タンパク質だけでは自己複製はできず、核酸だけでは代謝（または反応の触媒）はできません。

一九八〇年代初頭、トーマス・チェック（一九四七〜　）とシドニー・アルトマン（一九三九〜　）は化学反応を触媒するRNA分子を発見しました。この発見をもとに生命はまずRNAのみから始まったとする「RNAワールド説」が考え出されました。この説では最初にRNAが地球上に現れ、触媒作用と自己複製をRNAだけで行う原始的な生命システムができます。やがて、RNAはより触媒として優れているタンパク質に触媒作用を任せ、自分はタンパク質の助けを借りながら自己複製を行い増殖していくようになりました。最後にRNAよりも安定性に優れるDNAを産みだし、大切な情報はDNAにしまっておくことにしました。このようにして現在の地球生命システムが誕生した、というのです。

確かに、RNAワールド説は触媒機能と自己複製機能が同時に生じうる点からきわめて魅力的な説であり、特に分子生物学者から高い支持を集めています。しかし、問題は、最初のRNAがどのようにしてできたかです。タンパク質を作るのは、アミノ酸を一列につなぐだけでできます。これもそう簡単な反応ではありませんが、アミノ酸は宇宙でも比較的簡単に生成可能なので、時間をかければできそうです。一方、RNAはリボヌクレオチドを一列につなぐ必要があります。さらに、このリボヌクレオチドは、核酸塩基に糖（リボース）をつなぎ、さらにリン酸を付け加える必要があります。それぞれをつなげる場合、正しい位置でつなげる必要がありますが、試験管内で行おうとすると、間違った結合のものも同時にできてしまいます。つまりRNAはタンパク質よりはるかに作るのが難しいので、ここをどう評価するかにより、RNAワールド説の評価が分かれています。

## さまざまな生命の起源説

RNAワールド説以外にもさまざまな説が出されています。RNAワールド説に直接対抗するのは、「タンパク質ワールド説」です。タンパク質はRNAよりも合成が容易だったと考えられる点がメリットですが、タンパク質に自己複製させるのが極めて難しいところがネックです。

触媒や自己複製を無機物にやらせてはどうか。そのようなアイディアも発表されています。イギリスのアレキサンダー・グラハム・ケアンズ＝スミス（一九三一〜二〇一六）は粘土鉱物が勝手に自己複製することに注目し、最初の生命は粘土だったとする説を唱えました。また、ドイツの弁理士ギュンター・ヴェヒターズホイザー（一九三八〜　）は、海底熱水噴出孔（第1章参照）付近に多く存在する金属硫化物鉱物（黄鉄鉱など）が熱水とともにもたらされた様々な分子の反応を触媒し、生物の代謝系のようなものを鉱物のまわりに作った、という「代謝ファースト」の説を提案しました。

宇宙、あるいは原始地球上での化学進化により、いろいろなエネルギーで様々な有機物ができることは間違いないでしょう。ただ、その中にアミノ酸や核酸の材料が含まれるといっても、生成した有機物のごく一部にすぎません。この点に注目したのが、米国プリンストン大学の物理学者フリーマン・ダイソン（一九二三〜　）です。彼の著書『生命の起源（第二版）』では「ゴミ袋ワールド」の考えが記されています。海水中に溶け込んだ様々な有機分子が、オパーリンのコアセルベートのような小袋に詰め込まれたものが多数できたとします。それらの袋の中には、優れた触媒作用を示す分子を含むものもあったでしょう。それが「当たり」の袋です。自然選択の結果、そのような当たりの袋が増殖し、さらに進化し、やがてRNAのような洗練された分子が生み出されたとする説です。

私は、基本的にダイソンの考えを支持したいと思います。根拠は、私たちが行ってきた化学進化実験の結果です。加速器などを用いた化学進化の模擬実験ではアミノ酸の構造を部分的に含む大きな分子が生成しました。といってもアミノ酸だけがつながったペプチドのような洗練された分子ではありません。大きい分子の一部だけがアミノ酸なのです。そのため、酵素のような高い機能はもちませんが、非常に微弱な触媒活性をもっていることもわかりました。そこで私はこのような分子を「がらくた分子」、がらくた分子からなる生命システムを「がらくたワールド」と名づけました。このことは前著『宇宙からみた生命史』（ちくま新書）に書きましたので、興味のある方はご参照ください。

古典的なシナリオにおいては、化学進化は、タンパク質や核酸を生成するのを目的として進んだように考えられてきました（図2－5）。しかし、このシナリオを検証するために行われてきた実験では、都合のよい出発材料だけを選び、それを高濃度に加えて、条件（pHや温度）を精密にコントロールして、やっと少量のヌクレオチドなどの「洗練された分子」が生成しました。でも、実際に出発材料となるのは、隕石（炭素質コンドライト）や原始大気から供給された分子で、その中には核酸の材料になるような分子はごく一部にすぎません。それらの中から核酸の出発材料だけが都合よく選ばれて、理想的な条件下で反応したとすると、生命の誕生は「偶然」といわざるをえなくなります。

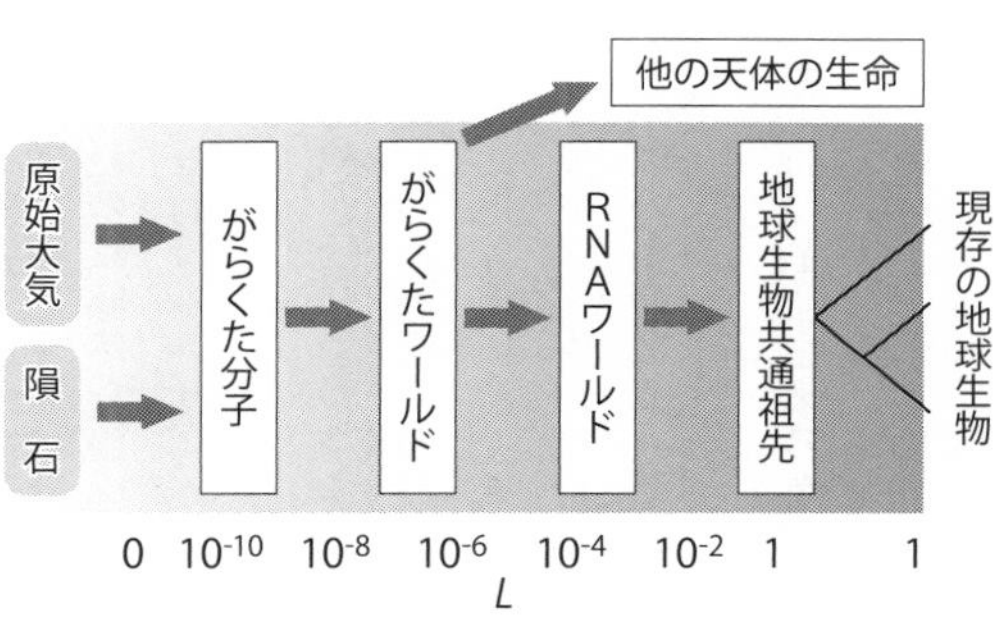


**図２－10　がらくたワールド**

　一方、がらくたワールド（図２－10）では、まずは極めて微弱な生化学的機能（図では$L$）を有するがらくた分子を含む小さな袋からスタートします。これが原始海洋（おそらく海底熱水噴出孔近く）で多数生じます。すべての袋の中身が少しずつ異なるので、他の袋よりも機能（$L$）の少し大きいものが入った袋もあるでしょう。そのような袋は他の袋よりも残りやすく、また、放射線などの働きで変異が起きてさらに機能が高まるかもしれません。そのようなものの中から自己複製能力の高い袋や、代謝機能の高い袋ができ、それらが共生して現在の地球生命のもとになったと考えてはどうでしょうか。現在私たちが使っているような「タンパク質」と「RNA」を用いる生命が地球に誕生したのは偶然といいましたが、がらくた分子から進化した何らかの分子を用いて代謝や自己複製を行うシステムが誕生するのは必然ということになります。

## 生命の起源は実証できるか

生命の起源研究の最大の問題点は、原始地球上で起きたはずの化学進化や初期生物進化の痕跡やが地球上に全く残されていないことです。地球上での生命の誕生は約四〇億年前と考えられていますが、生命になる前の有機物は熱・紫外線・放射線などにより徐々に分解してしまうか、誕生後の生命により消費されてしまったため、今日、地球上で見つけることは不可能です。また、次章で紹介するように、誕生した後の生命は三五億年前の微生物の化石(微化石)や三八億年前の生命由来の炭素粒子などの痕跡として見つかっているものの、それらは共通の祖先誕生後のものかどうか、その生命システムがどのようなものだったかは全く読み取ることはできません。共通祖先の生命システムは現存の生物と全く同じ、DNA、RNA、タンパク質を用いたもの(つまり$L=1$)で、十分に複雑ですので、どの仮説を取るにしてもこのように複雑なものよりも前の段階の生命システム($L<1$)が存在したはずですが、そのような生命は少なくとも私たちの手の届くところ(現存の生物が存在するところ)には残されていません。

となると、タイムマシンでも発明されない限り、生命の起源の解明は困難なのでしょうか。

ここで、宇宙が鍵となります。天文学は面白い学問で、望遠鏡を使って宇宙という「空間」を探っているのですが、同時に過去をも見ていることにもなるのです。私たちは現在の太陽しか観測できませんが、四六億年前に誕生し、五〇億年ほどするとその一生を閉じることを知っています。

それは、宇宙に多数存在する太陽に似た恒星を観察することにより知ることができたのです。宇宙は一三八億年前のビッグバンで誕生したとされていますが、その証拠は一三八億年前の時空の彼方を発し、現在の地球に届く宇宙マイクロ波背景輻射です。平安時代、後冷泉天皇の御代の一〇五四年夏に超新星が出現した記録があることを藤原定家が『明月記』に記しています。これは紀元前五五〇〇年頃に起きた天体ショーを時の陰陽師（安倍晴明の子孫）がライブで観察した結果で、その痕跡を私たちは今、かに星雲として観察できます。

さて、生命のもとになった有機物に関しては、隕石の分析の他、小惑星や彗星の探査やサンプルリターンにより、今後も新たな情報が得られることが十分に期待できます。そのような地球外有機物や原始大気から生成した有機物は惑星環境でどう変化していくのでしょうか。これに答えてくれそうな天体が、土星の衛星タイタンなのです。二〇三六年に予定されているタイタン探査（ドラゴンフライ計画）に期待しましょう（第6章参照）。さらに、太陽系で生命の存在が期待できる天体が片手に余るほど出てきました。それらの天体で地球と異なる生命システム（核酸以外の遺伝物質を用いるものなど）や、生命になりかけの物質が見つかったとき、生命起源研究は大きく進むでしょう。詳細は第4～6章で紹介します。これから本格化する太陽系の生命・有機物探査機は地球生命のルーツを探る「タイムマシン」ともいえるでしょう。

# 第３章

# 知的生命への進化

## 地球をモデルケースとして

## 生物進化の偶然と必然

前の章で、生命の起源について考えてみました。少し前までは、生命の誕生が必然か偶然かについて、天文学者は宇宙に数多（あまた）の星が存在することから、それは必然と答え、生物学者は地球の生命が極めて複雑なことから、生命の誕生は地球以外ではきわめて稀と答える傾向がありました。しかし、二一世紀になり、生物学者の中にもアストロバイオロジーの研究に取り組む人が増えてきたこともあり、生命の誕生に関しては地球でしか起きないとする強硬な偶然論者は減ってきているように思われます。

では、最初の生命からヒトのような知的生命への生物進化についてはどうでしょうか。今日、太陽系で生命がいるかもしれない天体がいくつか考えられるようになりましたが（第4～6章）、太陽系内では地球以外での高等生物存在の確率はかなり低いと考えられており、ましてや知的生命は地球以外にはいないだろうといわれています。では、全宇宙的にみた場合、知的生命はどのくらいいるのでしょうか。他の天体の生物進化を一例も知らない私たちとしては、地球での生物進化をモデルケースとして調べることから始めるしかありません。惑星に誕生した生命、

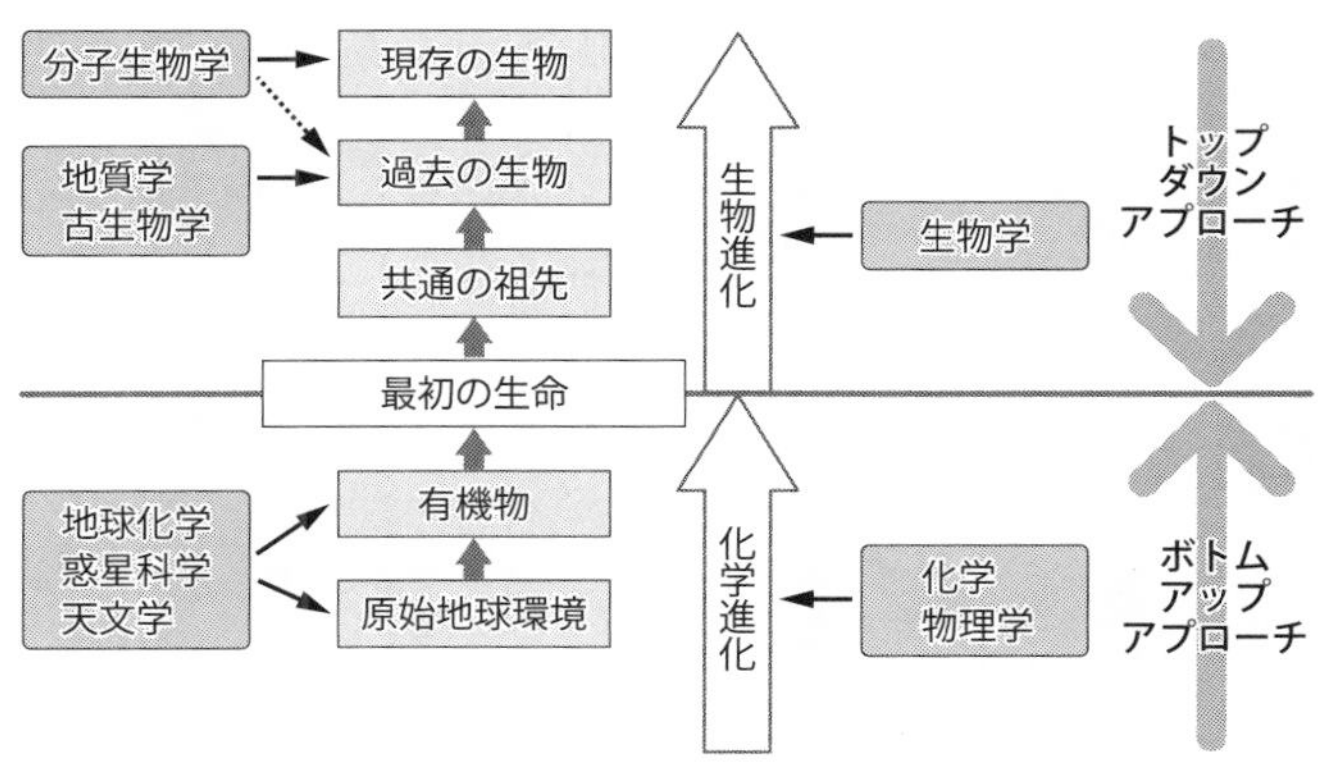


**図３－１　地球生命の起源への２つのアプローチ**

それがＮＡＳＡの定義する「ダーウィン進化が可能な」ものにあてはまるとすれば、進化するのは当然ですが、それが知的生命に進化するまでにどのような条件、時間が必要なのかを考えてみましょう。

前章では、化学進化の結果としての生命の誕生について考えました。これはいうなれば非生命から生命へ、下から上への「ボトムアップ」研究法といえます（図３－１下）。ここでは、基本的には物理学・化学の手法を用い、それに天文学・惑星科学・地球化学などの知見を組み合わせる必要があります。一方、生命の起源の研究法としては、これとは逆のアプローチ、「トップダウン」研究法もあります。現存の生物からスタートして、生物進化をさかのぼり、最初の生命にたどり着こうとする方法です。当然ながらこの方法は生命誕生後の生物進化を探っていく研究法にもなります。

生物進化は生物学が基本ですが、これに加えて古生物学、地質学、分子生物学などによって得られた過去の情報も必要不可欠です（図3－1上）。

## 地球生命はいつ誕生したか

生命の誕生はいつだったのでしょうか。生命誕生以前の有機分子が残っていない地球上でこれを調べるには、主としてトップダウン・アプローチによるしかありません。過去の生物を知る代表的な手法は、化石を調べることです。ある地層から恐竜の骨が出てくれば、そこは中生代の地層であり、三葉虫が出れば古生代となります。しかし、肉眼で見える化石（つまり多細胞生物の化石）が見られるのはせいぜい六億年前の地層までで、それ以前はあまり化石が発見されず、かつては「先カンブリア時代」としてひとまとめにされてきました。二〇世紀後半になって、先カンブリア時代の地層からも化石が見つかるようになりました。それらは基本的に顕微鏡でようやく見える小さなもので単細胞生物の化石でした。そのような「微化石」はより古い地層でも次々と発見されるようになったため、誰が最古の化石を発見するかという競争になりました。このレースに勝利するためには、より古い地層や岩石を探す必要があります。現在、地球上で古い岩石が存在するのはオーストラリア、グリーンランド、南アフリカなどです。

まず、大きく手をあげたのが、米国カリフォルニア大学のジェイムズ・ウィリアム・ショップ（一九四一～　）らです。一九八七年、ショップはオーストラリア北西部の約三五億年前にできた岩石中に微生物の化石を発見し、その微化石の形状からシアノバクテリアの化石ではないかと発表しました。シアノバクテリアは、別名、ラン藻ともいい、光合成をして酸素を出す単細胞生物です。もし、これが本当にシアノバクテリアのものだとすると、三五億年前にすでに酸素発生型の光合成生物がいたことになります。しかし、この微化石が本当に生物由来か、そうだとしたら、それがシアノバクテリアのものかどうかが大論争となりました。その後、他のグループがその近傍の海底熱水噴出孔跡とされる地層からも多くの微化石を確認したこと、ショップ自身も二〇一八年、西オーストラリアの三五億年前の堆積岩中の微化石中の炭素の同位体比（詳細は後述）からその微化石が生物起源と断定したことで、三五億年前に生物が存在したことは間違いないとされています。この微生物がどのようなものかは不明ですが、光合成生物ではないと考える研究者が多いようです。

微化石すら見つからない、より古い岩石中の生命の痕跡としては、岩石に含まれる炭素の安定同位体比が用いられています。炭素は陽子を六個もちますが、中性子六個をもつ炭素12と中性子七個をもつ炭素13という二種類の安定同位体が存在します。炭素12が約九九パーセント、炭素13は約一パーセントの割合ですが、炭素化合物の起源により炭素13の割合は変化します。特に生物が外界から二酸化炭素などの炭素化合物を取り込んで、それを用いて有機物を作ると炭素13の割合が低くなることが知られています。デンマークのミニック・ロージング（一九五七〜　）はグリーンランドの三八億年前の岩石中の石墨（グラファイト）粒子の炭素同位体比を測定したところ、生物由来と考えられる低い値が得られました。このことから、三八億年前にはすでに生命が誕生していた可能性が高いと考えられています。

生命の起源は三八億年前以前にさらに遡るのでしょうか。この点に関しては、二つの意見が対立しています。論争点は、地球に「後期隕石重爆撃期」があったかどうかです。

地球はおよそ四六億年前に微惑星の衝突合体により誕生しました。地球誕生後もまだ微惑星が多数残っており、それが隕石として地球に降り注ぎましたが、衝突の頻度は徐々に低くなりました。そして四四億年前くらいに生成したジルコン鉱物が発見され、分析の結果、この鉱物ができた頃には地表が冷えて海が誕生していたとされています。しかし、月のクレーター数の解析などから、今から三九億年前頃に何らかの理由で隕石衝突の頻度が増したといわれています。これが後期隕石重爆撃期です。もしそうならば、三九億年前前後には地球表面は激しい隕石衝突により高温となって、海も消失したとされます。つまり、私たちにつながる生命が誕生したのは重爆撃が静まり、海が復活した三八億年ほど前となります。この場合、海が再生してから生命が誕生するまでの時間は極めて短いと考えられます。

一方、後期隕石重爆撃期は存在しなかったとするグループもあり、彼らは生命の誕生を三八億年前よりもさらに遡る可能性を考えています。ここでは、総合的にみて、現時点で最古の生命の誕生時期は三八億年前くらいとしておきましょう。いずれにせよ、地球上で私たちの先祖たる生命が誕生したのは液体の水が安定的、持続的に存在できるようになった後ですが、そのような環境ができてから生命が誕生するまでの時間は何億年もかかったということはなく、比

| 累代 | 年代 | 事項 | 海 | 生命 |
|---|---|---|---|---|
| 冥王代 | 46億年前 | 地球の誕生 | | |
| | 44億年前 | 最古の鉱物（ジルコン）生成 | | |
| | 40億年前 | | | ? |
| 太古代 | 39億年前頃 | 後期隕石重爆撃期（海の消失） | 後期隕石重爆撃期がなかった場合 | |
| | 38億年前 | 岩石中の生命の痕跡（炭素安定同位体比、グリーンランド） | | |
| | 35億年前 | 微生物の化石（形態＋炭素安定同位体比、オーストラリア） | | |

**表３－１　生命と地球の歴史①**

較的短時間で誕生したといっていいでしょう。これは、第２章で述べたように、生命誕生前の単なる有機物（$L=0$）は環境中ですぐに分解してしまい、何万年も存在しえない、ということから考えれば当然のことです。

なお、かつて先カンブリア時代と総称されていた古生代より古い時代は、現在は、冥王代、太古代、原生代という「累代」に分けられ、古生代以降は顕生代といわれるようになりました。冥王代は地球誕生から四〇億年ほど前までで地質学的な記録がほとんど残っていない時代です。これまでに紹介したことを中心に、太古代初期までの年表を表３－１にまとめました。

## 生命はどこで誕生したか

地球生命がどこで誕生したかについては、まず地球上、地球外に大別できます。地球外で誕生した生命が地球に飛来したとする説は「パンスペルミア説」とよばれ、その可能性は否定できませんが、この可能性については第8章で紹介することとし、ここでは地球で誕生したことを前提に議論しましょう。

生命のふるさとは海であると昔からいわれてきました。海を見ているとなつかしい気分になる、といった心情的なものもありますが、科学的にみても納得できることです。私たちの体を構成する主要元素組成が海と生物とで似通っていることがまずあげられます。ともに水が多いことに加え、ナトリウム＋塩素、すなわち食塩が多いことも共通しています。さらに、海水中にほんの微量だけ含まれる金属元素に関しても、すべての地球生物が必須としている鉄・亜鉛・モリブデンが海水中にも相対的に多く含まれることを、日本の生命起源研究の祖ともいえる江上不二夫（一九一〇～一九八二）が指摘しています。これらの元素はタンパク質と結合して金属酵素となり、タンパク質や核酸の合成や分解などで活躍しています。

初期の化学進化研究者の多くは、地球が冷えた後に液体の水がたまって海などをつくり、そこに様々な有機物が溶け込んだスープができ、その中で生命が誕生するといったイメージをもっていました。このスープは「原始スープ」とよばれます。この原始スープは当時の海の温度をどう考えるかによって「温かなコンソメスープ」や「冷たいヴィシソワーズ」など、さまざまなイメージがもたれていましたが、実は圧力なべの中の超熱々のスープの可能性がでてきたのです。第2章で紹介した分子系統樹（図2－2）では、すべての地球生物をたどっていくと、「最後の共通の祖先」にいきつきます。この生物は現存しませんが、その近くに位置している現生の生物たちは共通の祖先に似た生物といえます。図２－２では、生物の名前（学名）の後に数字がついていますが、これは各生物が最も生育しやすい温度です。これが八〇℃だったり、一〇五℃だったり（一気圧下では一〇〇℃以上の液体の水は存在しませんが、高圧下では水の沸点は一〇〇℃以上になります）する「好熱菌」が共通の祖先に近いということから、共通の祖先自身も好熱菌である可能性が考えられます。つまり、生命誕生の場は、そのような超高温の場所の近くと考えられるのです。そのような環境の一つが、第１章で紹介した海底熱水噴出孔です。

海底熱水噴出孔は深海底にあるため、高い圧力がかかっており三〇〇℃を超すような液体の水が海底から突きだした煙突から噴出しています（図３－２）。ここが生命の誕生の場として注目されたのには、いくつかの理由があります。

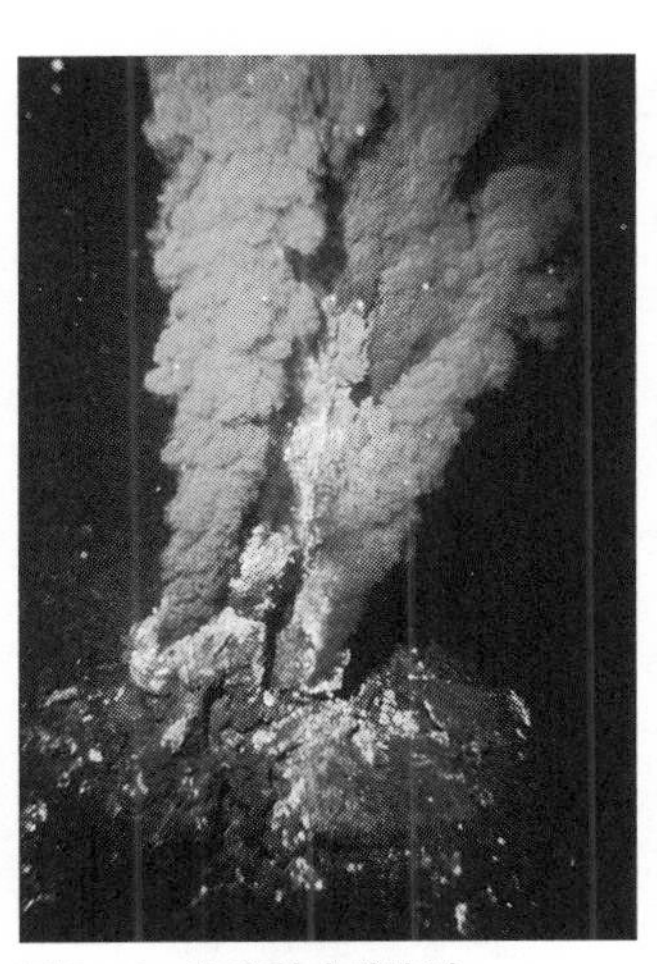

図３－２　海底熱水噴出孔

まず、先に述べたように、分子系統樹（図２－２）において、地球全生物の共通祖先に近い現存の生物の多くが非常に高い温度で生育する好熱菌であることに加え、それらは光合成ではなく化学合成で有機物を産みだし、それを用いて生きていることとです。また、最古の生物の痕跡（三八億～三五億年前）を含む岩石の多くが、海底熱水噴出孔近くに位置していたと推定されていることとも整合します。さらに、海底から噴出する熱水は、メタン・アンモニア・水素などを多く含んでおり、これは有機物を合成するのに好都合な環境ですが、さらに鉄や亜鉛など、生命に必須な金属も通常の海水の一万倍ほど高濃度に含んでいます。さらに、オゾン層ができる前の地球表面には太陽から強い紫外線が降り注いでおり、これは有機物や生命にとって致命的なものですが、光の当たらない深海底では紫外線の影響はありません。

ただ、以上述べたことに対する別な意見も出されています。例えば、共通の祖先自身は別に好熱菌でなくてもいいという意見もあります。また、好熱菌だとしても陸上の温泉の方がいいという説も、特に米国の研究者やRNAワールド支持者に人気です。理由としては、「古典的な化学進化」(図2-5)を考える時にはアミノ酸やヌクレオチドなどの生命の部品を水を引き抜きながら組み立てる(脱水縮合)必要があります。その場合、水だらけの環境よりは、乾いた陸地のある環境も必要だという論理です。このあたりの論争は、参考文献(藤崎慎吾〔二〇一九〕、山岸明彦・高井研〔二〇一九〕)をご覧ください。

## 光合成の始まり

私たちが属する地球生態系は、植物などが光合成により生産した有機物に依存しています。この光合成はきわめて複雑で洗練されたシステムですので、最初期の生命がもっていたとは考えにくいのです。おそらく、最初の生命は化学進化の過程で海水中に蓄えられた豊富な有機物を栄養源とする「従属栄養生物」だったでしょう。しかし、有機物を消費するばかりでは、いずれ有機物が枯渇してしまいます。そこで、自ら有機物を作る生物、「独立栄養生物」が誕生したはずです。初期の独立栄養生物は光がない環境で有機物を作る「化学合成生物」だったと考えられます。現在の海底熱水噴出孔まわりでは、この化学合成生物が海底から噴き出す熱水中のメタンや硫化水素などをエネルギーとして有機物を作り、その有機物を狙ってエビ、カニ、貝などの様々な動物が集まり、コロニーを作っています。

やがて、生物は光のあたる環境、例えば浅い海にまで進出し、より洗練されたシステムで有機物をつくる「光合成生物」が誕生しました。光合成生物が最初に誕生した時期に関しては諸説があり、特定されていません。また、光合成には酸素を発生しないタイプと発生するタイプがありますが、まず前者が誕生したと考えられます。後者の最初のものと考えられるのがシアノバクテリア（ラン藻）であり、二七億年前くらいに誕生したのではないかとされています。

さて、私たちは酸素がなければ生きていけません。酸素（$O_2$）はすべての生物にとって不可欠と思われがちですが、実は酸素は猛毒なのです。地球生物は有機物でできていますが、有機物は酸素があると燃えて、二酸化炭素・水などになります。有機物は二酸化炭素よりも不安定な炭素化合物であるため、酸素存在下では徐々に酸素と反応して、こわれていくのです。初期の地球にはほとんど酸素がなく、酸素がなくても生きられる、いや酸素がない環境でのみ生きられる「嫌気性生物」がほとんどだったはずです。そこに現れたシアノバクテリアは、大量の酸素をばらまいたため、多くの生物種はこの毒ガスに耐えきれず、絶滅したり、酸素の影響が及びにくい環境（海底下など）に逃げのびたりしました。これは地球において生物が引き起こした最初の環境破壊事件といえます。

なお、私たち好気性生物の細胞にとっても酸素、特に活性酸素とよばれる酸素から生じる化学種は毒であるため、すみやかにそれらを解毒するための酵素を持っています。ただ、激しい運動のしすぎや、ストレスなどで活性酸素が酵素で処理できないくらいに増えてしまうと、細胞に様々な問題を引き起こしてしまいます。

### 原核生物から真核生物へ

初期地球に生息した生物は、一つの細胞からなる単細胞生物であり、また「原核生物」とよばれるタイプのものでした。原核生物にはバクテリア（真正細菌）とアーキア（古細菌）の二つのタイプがあり、共通の祖先から早い時期に分かれたとされています。一方、私たちのような動物や植物は「真核生物」とよばれますが、単細胞の微生物の中にも酵母など、真核生物がいます。では、この原核生物と真核生物は何が違うのでしょうか。ひとことでいえば、細胞の大きさや複雑さの次元が異なる、全く異なるタイプの生物なのです。大きさでいえば、真核細胞は原核細胞の約一〇〇〇倍の大きさです。

図3－3に原核細胞と真核細胞とを示しました。原核細胞は、いってみれば一つの膜（細胞

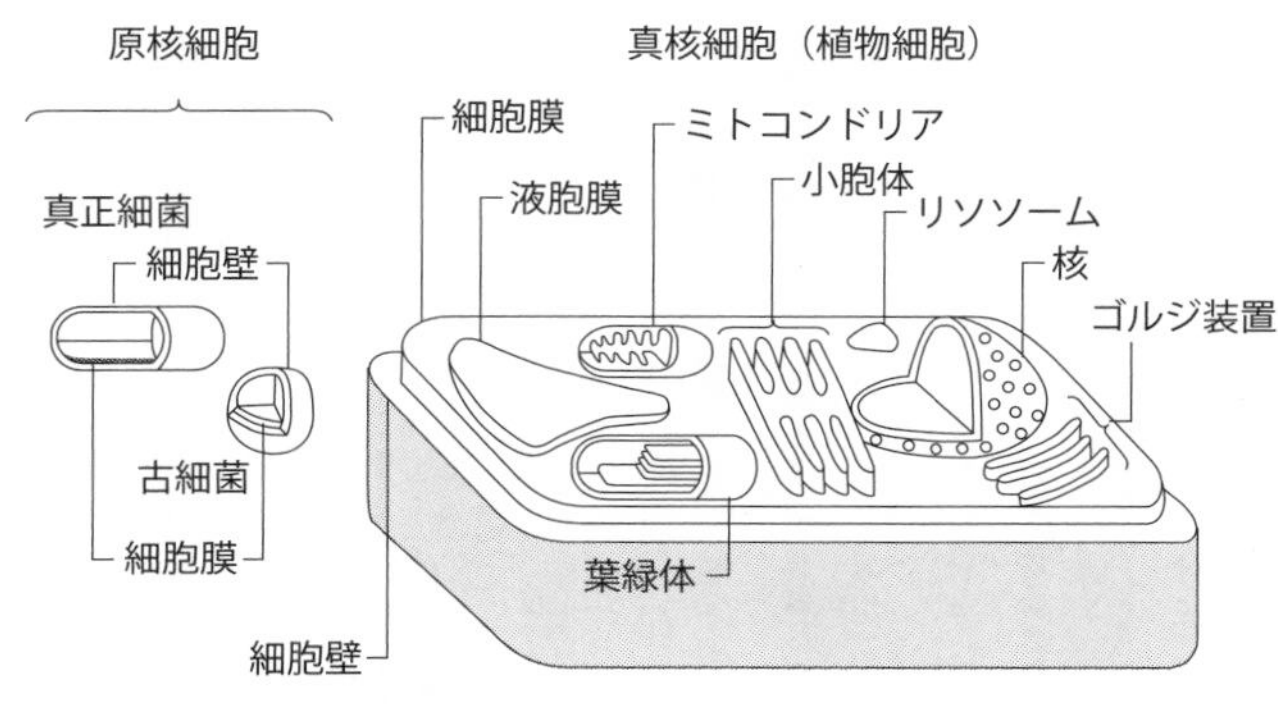


**図３－３　原核細胞と真核細胞**

膜）で覆われた袋で、そのなかにＤＮＡやＲＮＡやタンパク質などのさまざまな分子が詰め込まれています。それに対して、真核細胞は、細胞膜で囲まれた細胞の中に、さらに小分け袋が多数用意され、各小分け袋間で細胞の機能が分担されています。図の植物細胞でいえば、ＤＮＡは核膜で覆われた核の中で保存され、ここで複製されます。ミトコンドリアは細胞の活動に必要なエネルギーを産み出す小器官であり、膜で覆われた構造内に独自のＤＮＡをもっています。植物は光合成を行う葉緑体を持っていますが、葉緑体も膜の中に葉緑素（クロロフィル）を含むチラコイドとよばれる円盤状のものが多数納められており、光のエネルギーを用いて有機物を合成する働きを担っています。

真核生物が誕生した時期に関しては、大きいサイズの微化石の発見などをもとに、二〇億年前頃と考えられています。生物進化が少しずつ進むという仮定では、小さくて単純な原核細胞から大きくて複雑な真核細胞がどのようにして誕生したのかがうまく説明できませんでした。

一九六七年、米国の生物学者リン・マーギュリス（一九三八～二〇一一）は、原核生物が他の原核生物の細胞内に住みついて共生生活を始めることによって真核生物が誕生した、という説を発表しました。この説は「細胞内共生説」とよばれます。共生というのは、二種類以上の生物種が互いに助け合って暮らすことにより相互に利益を得ることで、有名な例としてはイソギンチャクの触手の中で生活するクマノミが知られています。似たような説は一九世紀末より何人かの科学者により唱えられてきましたが、学会では異端の説として扱われてきました。マーギュリスは、酸素呼吸できるバクテリアが他の原核生物に住み着いてミトコンドリアになり、シアノバクテリアは葉緑体に、運動能力のあるスピロヘータが鞭毛になったと説明しました。

その根拠としては、ミトコンドリアや葉緑体は独自の二重膜をもち、独自のDNAをもつことなどがあげられます。マーギュリスの論文は当初、一五の科学雑誌から次々と掲載拒否を受けるなど、学会から猛反発を受けました。しかし、その後、分子系統樹解析からミトコンドリアのもとになった生物がプロテオバクテリアという真正細菌の仲間で、葉緑体のもとになったのがシアノバクテリアであること、真核生物は古細菌に近いことから宿主が古細菌であったことなどの知見が次々と得られ、今日では細胞内共生により真核生物が誕生したことが大筋で認められています。ただし、鞭毛は独自のDNAをもたないため、共生によってできたものではないとされています。

進化の中間に位置する生物が発見されれば、進化の直接的な証拠となります。二〇一二年、千葉大学の山口正視（やまぐちまさし）らは、八丈島南の明神（みょうじん）海丘で原核生物よりははるかに大きく、ミトコンドリアはもたないものの、バクテリアに似た共生体を細胞内にもつ新種の生物を発見し、「准核生物」と名づけました。これが原核生物と真核生物の中間の生物だとすると、細胞内共生説はより確かなものとなります。

## 多細胞生物の誕生とエディアカラ生物群

進化の次の大きなステップは単細胞生物から多細胞生物への進化です。誕生したての真核生物も、原核生物と同様に単細胞生物でした。これが多細胞になることにより様々な変化が起きました。まずは一つの細胞だけだと大きさには限界があります。原生生物や藻類ではセンチメートルサイズのものもありますが、多くは一ミリメートル未満で、顕微鏡を使わなければ見えないものです。また、単細胞生物は細胞分裂により増殖するため、事故（たとえば除菌アルコールを浴びる、ウィルスに感染する、など）にあわない限り生き続けます。現在生きている単細胞生物は、進化によって種は変わってはいますが、基本的には約四〇億年前に誕生した地球生物の共通祖先が持っていた生命システムはそのままキープしており、そこからずっと生き続けてきたという見方もできます。

同じ単細胞生物がくっつきあって大きくなった「群体」というものもありますが、多細胞生物となるためには、細胞毎の役割分担が求められます。例えば、単細胞生物はそれぞれが増殖しますが、多細胞生物の場合は、多数の細胞の中で限られた「生殖細胞」のみが子孫を作ります。生殖細胞以外の細胞は体細胞とよばれますが、寿命をもっているため、子孫を作った後の多細胞生物はやがて死を迎えます。「死」の発明は、単細胞生物から多細胞生物への進化の大きな代償ともいえますが、親世代の死があるからこそ、新たに生まれた子孫たちがさらに活躍できる場ができたともいえます。

では、最初の多細胞生物ができたのはいつでしょうか。このことについても化石探しと、分子系統樹からのアプローチなどから調べられていますが、一〇～二〇億年前とかなり広い範囲で推定されており、はっきりしたことはわかっていません。

第二次世界大戦終戦の翌年（一九四六年）、南オーストラリア州の地質調査官補のレジナルド・スプリッグ（一九一九～一九九四）は、アデレード市の北にあるエディアカラ丘陵の地質調査をしている時に、多細胞生物の痕跡の残る岩石を大量に発見しました。当初、スプリッグはその地層は古生代カンブリア紀のものと考えましたが、後に古生代よりも古い先カンブリア時代のものであることがわかりました。それらの生物はエディアカラ生物群とよばれ、彼らが生きた時代のことはエディアカラ紀とよばれるようになりました。エディアカラ紀は六億三五〇〇万年前～五億四一〇〇万年前とされています。また、その後、世界各地でエディアカラ紀の生物が発見されるようになりました。

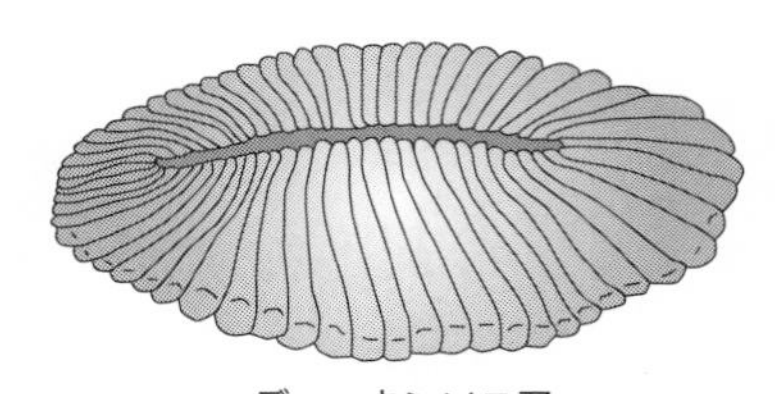


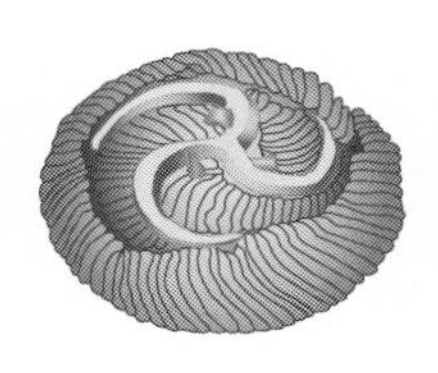


**図3－4　エディアカラ生物群**

ここで「エディアカラ生物」とよばれているのは、現在の動物や植物とのつながりがわからない、骨や外骨格、殻などを持たない軟体性の生物です。そのため、古生代以降の生物には見られないような形態をもったものが多数見つかっています。その特徴の一つが左右非対称性です。

代表的なエディアカラ生物のディッキンソニア（図3－4左）は体長が一センチメートル～八〇センチメートルのエアーマットのような生物で、一見、中央の線を軸とした左右対称形に見えますが、よく見ると中央から外側に伸びる筋が微妙に左右でずれています。また、まんじゅう型のトリブラキディウム（図3－4右）は祭り太鼓の模様（三つ巴紋）に似た直径五センチメートルほどの生物で、三回回転対称、つまり一二〇度回転するともとの形に重なる形状をしていますが、このような形の生物は今はいません。

エディアカラ生物の多くは五億七五〇〇万年前～五億六五〇〇万年前に一気に誕生したとされ、この時期は「アヴァロンの爆発」ともよばれています。アヴァロンとは、最古のエディアカラ生物群が見つかったニューファンドランド島の地名です。エディアカラ生物たちは歯などの攻撃用、殻などの防御用の硬い組織をもたず、まだ大型生物同士の捕食関係はなかったとみられています。しかし、エディアカラ生物群はすべて次のカンブリア紀には姿を消し、またカンブリア紀以降の生物との類縁性も認められていません。彼らは進化の過程での失敗作だったのでしょうか。

## バージェス動物群とカンブリア大爆発

一九〇九年、米国ワシントン・カーネギー研究所の理事長等をつとめたチャールズ・ウォルコット（一八五〇〜一九二七）は家族とともにカナディアン・ロッキーの標高二三〇〇メートルの高地で地質調査をしている時、二センチメートルほどの甲殻類のような奇妙な動物の化石を見つけました。ウォルコットは翌年からその地を本格的に調査し始めましたが、「バージェス頁岩（けつがん）」と名づけられた地層に六万点を超える大量の化石を発見しました。ここで発見された動物たちのことはバージェス動物群とよばれています。

バージェス頁岩中に発見された多種類の動物の化石の中で、もっとも注目されてきたものがアノマロカリス（アノマロ＝奇妙な、カリス＝エビ）です（図3－5左）。まずサイズが半端ではありません。カンブリア紀の多くの動物が数センチメートルであるのに対し、最大一メートルほどの体長をもちます。大きな触手をもち、これを用いて小型動物を捕食していたと考えられています。また、大きな二つの複眼が飛び出しているのも特徴的であり、バージェス動物群の

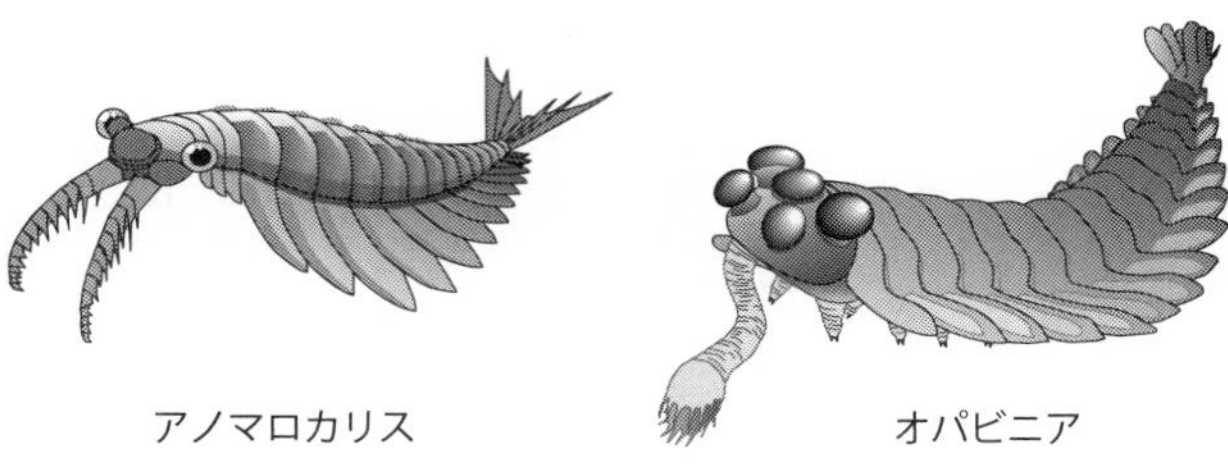


**図3－5　バージェス動物群**

生態系の頂点に立つトップスターです。

この他、さまざまな奇妙な動物たちが見つかっていますが、奇妙さで群を抜くのがオパビニア（図3－5右）です。一九七五年の英国古生物学会でその復元図が発表された時、会場は爆笑につつまれました。まず目につくのが頭部の五つの眼と長いノズルのような吻（ふん）です。海底に生息しており、五つの眼で上方を三六〇度に近い視野で見渡すことができたと思われます。現在生息している生物は基本的に二つ眼のものが多いのですが、オパビニアの子孫が進化して生きながらえていれば、より広い視野をもつ五つ眼種族が繁栄していたかもしれません。なお、眼をもつ生物が誕生したのはこのカンブリア紀で、捕食者が現れたことが原因といわれています。

その後、バージェス頁岩以外にも中国の澄江（チェンジャン）など世界各地でカンブリア紀の動物群が発見され、この時期に一気に多様な動物が発生したことがわかりました。これをカンブリア大爆発とよび、現存の動物の門（軟体動物門、節足動物門、脊椎動物門など）のすべてがこの時期に出揃ったとされています。

## 全球凍結説と生物大進化

ここまで、生命の誕生から古生代初期のカンブリア大爆発までの生物進化をみてきました。生物進化学はもちろん生物学の一分野であり、多くの生物学者が進化のメカニズムなどをめぐり議論をつづけてきました。しかし、進化というのは選択された勝者がいる反面、進化に敗れた敗者、絶滅者のことも考える必要があります。二〇世紀後半、特に一九八〇年代以降、この絶滅の議論に生物学者以外、とりわけ地球科学者や宇宙科学者が参戦するようになりました。その一つの例が、「全球凍結説」(雪だるま地球説〈スノーボールアース〉)です。

地球の寒冷期といえば、まず、マンモスなどがいた新生代第四紀の氷河時代(氷期)が思い浮かぶでしょう。氷河時代においては、両極の氷河が現在のロンドンやニューヨークなどの中緯度地域にまで進出しました。しかし、赤道を囲む熱帯地域が氷に覆われるところまではいきませんでした。全球凍結とは、地球の凍り具合が氷期と全く異なり、赤道まで氷河に覆われてしまう事態をさします。

この説を最初に言い出したのはカリフォルニア工科大学の地質学者ジョー・カーシュヴィンク(一九五三〜 )です。彼が、南オーストラリアにある六億三五〇〇万年前の地層を調べたところ、ここに氷河が運んできた岩石や砂があること、そして、当時ここが赤道直下であったことがわかりました。このことは、当時、氷河が赤道まで進出していたこと、言い換えれば地球全体が氷河に覆い尽くされていたことを意味します。この説は従来の常識からすると「トンデモ説」だったため、他の研究者からは総攻撃を受けました。もし、全球凍結したとすると、地球は真っ白になり、太陽光をより強く反射します。そうなると、ますます温度が下がり、全球凍結状態からの脱出は不可能でしょう。また、厚い氷で覆われてしまうと、その下には太陽光が届かず、光合成は完全にストップしてしまうため、全ての動植物は絶滅してしまうでしょう。しかし、そうはならなかった、ということは全球凍結は起きなかったことを意味する、と多くの研究者は考えました。

しかし、その後、全球凍結を支持する証拠も次々に見つかり、全球凍結があったということは、地球史における新たな常識となっていきました。前に述べた全球凍結への批判に対して考えられる答えは次のようなものです。地球が完全に凍ると、光合成生物が激減し、二酸化炭素の消費は少なくなります。一方、火山からはそれまでと同様に火山ガスとして二酸化炭素が放出され続けるため、大気中の二酸化炭素濃度が増加します。このため、大気の温室効果が増し、気温が上昇して全球凍結状態から脱出が可能になったのではないでしょうか。また、全地球が氷で覆われたとしても、温泉のまわりなどは氷が薄く、太陽光が氷の下まで差し込んだとすれば、ごく一部の光合成生物は生き続けたでしょう。

なお、その後の研究で、全球凍結は少なくとも三回起きたとされています（表３－２）。最初が二三億年前～二二億二二〇〇万年前、二回目が七億三〇〇〇万年前～七億年前、そして三回目はカーシュヴィンクが見つけた六億六五〇〇万年前～六億三五〇〇万年前のものです。こ

| 累代 | 年代 | 生命 | 地球 | 酸素濃度 |
| --- | --- | --- | --- | --- |
| | ～38億年前 | 生命の誕生 | | |
| 太古代 | 30億年前 | | | |
| | | 酸素発生型光合成生物（シアノバクテリア）誕生 | | |
| | 25億年前 | | 全球凍結（第１回） | 現在の1/100000以下 |
| 原生代 | | 真核生物の誕生 | | 現在の1/100に上昇（大酸化イベント） |
| | 20億年前 | | | |
| | 15億年前 | | | |
| | 10億年前 | | | |
| | | | 全球凍結（第２回） | |
| | | | 全球凍結（第３回） | 現在の値近くまで上昇 |
| | | エディアカラ生物群 | | |
| 顕生代 | ５億年前 | バージェス動物群 | | |
| | 現在 | | | |

**表３－２　生命と地球の歴史②**

の三回にわたる気候大変動は、当時の生物たちにとってはきわめて厳しいもので、多くの生物種が絶滅したはずです。それでも一部の生物種は生きのび、その先には新しい世界が待っていました。

表３－２をもう一度見てください。生物進化における大きいステップとして、真核生物の誕生と、多細胞生物の大発生（エディアカラ生物群）があげられますが、それぞれが起きたのが、全球凍結の少し後であることに気づくでしょう。全球凍結により、生物圏を構成していた生物たちの安定した世界がくずれます。そうしますと、生きのびた生物たちの進化（変異）の余地がふえます。そこ

で通常では起きにくい大規模な進化が可能になると考えられます。なお、全球凍結明けには二酸化炭素などの温室効果ガスが一時的に高レベルになって温暖化が進んだため、シアノバクテリアの活動が高まって、酸素濃度が一気に上昇した可能性も指摘されています。大気中の酸素濃度の上昇もまた、進化の原動力になったのかもしれません。

## 生物の陸上進出と五大絶滅

古生代以降、各地層から出土する生物種の違いをもとに、古生代、中生代、新生代という大まかな区分（代）が決められ、さらにそれらはより細かい区分（紀）に分けられました（表3－3）。古生代の最初の紀であるカンブリア紀には「カンブリア大爆発」で生物の多様性が一気に増しましたが、この時はまだ生物の生育範囲は海水中に限られていました。理由は、生物にとって有害な紫外線が陸上には降り注いでいたのですが、海水中では紫外線が遮られていたためです。

三回目の全球凍結の後、酸素濃度が現在のレベル近くまで上昇しました。このことによって、酸素分子の反応によりオゾン分子が生成し、地球の成層圏にオゾン層ができました。オゾン層は生物にとって致命的な太陽からの紫外線をブロックしてくれます。このため、生物は古生代初期に陸上進出を開始しました。まずはコケ植物がオルドビス紀に、そしてそれを追ってシルル紀には無脊椎動物が、そしてデボン紀後期には脊椎動物である両生類が誕生し、陸上生活を

| 年代 | 代 | 紀 | 五大絶滅 |
| --- | --- | --- | --- |
| 5.4億年前 | 古生代 | カンブリア紀 | |
| 4.9億年前 | 古生代 | オルドビス紀 | ✸ |
| 4.4億年前 | 古生代 | シルル紀 | |
| 4.2億年前 | 古生代 | デボン紀 | ✸ |
| 3.6億年前 | 古生代 | 石灰紀 | |
| 3.0億年前 | 古生代 | ペルム紀 | ✸ |
| 2.5億年前 | 中生代 | 三畳紀 | ✸ |
| 2.0億年前 | 中生代 | ジュラ紀 | |
| 1.45億年前 | 中生代 | 白亜紀 | ✸ |
| 6550万年前 | 新生代 | 古第三紀 | |
| 2300万年前 | 新生代 | 新第三紀 | |
| 260万年前 | 新生代 | 第四紀 | |
| 現在 | | | |

**表3－3　顕生代の年代区分と五大絶滅**

始めました。この後、地球の生物進化は海と陸の両方で進むことになりますが、それは地球の四六億年の歴史の中でたかだか一〇パーセント程度に過ぎません。このことは後に地球外生命探査を考える上でも重要です。

さて、表3－3にあるように、顕生代は三つの代、一二の紀に区分されます。これは、各地層から出てくる化石の種類が異なるためです。ということは、各紀には紀特有の生物がいて、その前の紀にいた生物のうち、かなりのものがいなくなったということを意味します。つまり、生物の進化は新たな種の誕生の歴史であるとともに、生物種の絶滅の歴史でもあります。そして、その中でも表3－3で✸をつけた五回（オルドビス紀末、デボン紀末、ペルム紀末、三畳紀末、白亜紀末）は、今日、五大絶滅として知られています。その原因については、様々な議論がなされてきました。地球全体を巻き込む巨大火山活動（スーパープルーム）や、太陽系近傍での超新星爆発、海水面の大変動、酸素濃度の増減など、様々な説が出されてきましたが、未だ不明な点だらけです。その中で、わかりかけてきたのが、五回目の大絶滅である白亜紀末のものです。

### 恐竜の絶滅と哺乳類の躍進

ノーベル物理学賞を一九六八年に受賞したルイス・アルバレス（一九一一～一九八八）とその息子で地質学者のウォルター・アルバレス（一九四〇～　）は、世界各地の六五五〇万年前、中生代白亜紀と新生代古第三紀との境界の地層を詳しく調べ、そこのイリジウム濃度が他の地層と較べて極めて高いことを一九八〇年に報告しました。白亜紀はそのドイツ語の頭文字からK、古第三紀は英語名からPgと略されるため、この境界はK－Pg境界とよばれます（以前は、古第三紀と新第三紀をあわせて第三紀とよばれ、Tと略されていたため、K－T境界とよばれることもあります）。

イリジウム（Ir）は原子番号77、周期表で白金（Pt）のすぐ前に位置する重金属元素であり、地殻中での濃度は一ＰＰｂ（一キログラム中に〇・〇〇一ミリグラム）程度と極めて低レベルです。その理由は地球生成時にイリジウム、白金、金などの重い金属元素は鉄とともに沈み込み、地球のコアを形成したため、地殻中にあまり残っていないためです。しかし、小惑星は地球のように分化していないために地球の地殻よりも高濃度でイリジウムが存在しています。つまり、K－Pg境界のイリジウム濃度が高いのは、イリジウムを高濃度に含む巨大隕石が衝突したためで、このため恐竜を含む多くの生物種が絶滅したためではないか。このようにアルバレス親子は考えました。

毎度のことながら、このような新説に対しては、旧来勢力からのすさまじい反発が起きました。アルバレスたちは生物絶滅に関しては全くの新参者だったからです。しかし、メキシコのユカタン半島沖の海底で六五五〇万年前の隕石衝突でできたクレーターが見つかったことなどから、隕石衝突説は支持者を増し、今では大絶滅のきっかけとなったことに関しては定説となっています。

隕石の衝突により恐竜たちがどのように絶滅していったかについてはまだ詳細はわかっておらず議論が続いています。まず、隕石衝突により生じた塵などが高く成層圏まで巻き上げられたことは間違いないでしょう。これが成層圏に長時間留まり続けることにより太陽光を遮り、「衝突の冬」とよばれる寒冷期を生みました。このことにより、まずは光合成を行う植物が死滅し、その影響が草食動物、さらに肉食動物へと波及しました。生態系はピラミッドに喩えられますが、土台が崩れた時に最も大きい影響を受けるのは、その頂点に立つ生物です。このため、当時、食物連鎖の頂点に君臨していた恐竜たちが絶滅したと考えられます。一方、恐竜の足下で怯えながら生活していた、われらが哺乳類の祖先は絶滅を免れ、小型恐竜の一部から進化した鳥類とともに新生代に進化を続けました。恐竜の本流が絶滅しなければ、哺乳類の大躍進はなかったといっていいでしょう。大絶滅については第9章でもう一度考えてみましょう。

## 人類の誕生

第五の大絶滅を生きのびた哺乳類は、恐竜が担ってきた生態系の穴をうめて進化を続けました。そして、やがて霊長類が誕生し、二〇〇〇万年前にはそこからオランウータン・ゴリラ・チンパンジーを含む大型類人猿（ヒト科）が分岐しました。さらに八〇〇万年前にはチンパンジーと人類の共通祖先が現れ、六〇〇万年ほど前にはチンパンジー・ボノボと人類の祖先に分岐し、後者からは二五〇万年前頃にホモ属（人類）が誕生しました。当時の人類の脳のサイズは約六〇〇立方センチメートルで、他の動物よりも大きく、道具が使えるようになりました。ホモ族の中から約二〇万年前に現れたのがわたしたち現生人類（ホモ・サピエンス）です。現生人類の祖先はもともとアフリカの熱帯雨林に暮らしていました。一六〇万年前頃、地球環境の寒冷化によって森で生存できる生物のキャパシティが減少したため、他の種と較べて身体能力の低かった彼らは森を離れてサバンナに進出し、長距離を二足歩行するようになりました。また、ホモ・サピエンスは七万年前頃からアフリカを出て他の大陸へと拡散していきました。その間、脳の容積は倍増し、言語が使えるようになりました。

過去の人類には多くの種が見つかっていますが、それらはホモ・エレクトス→ホモ・ネアンデルタレンシス（ネアンデルタール人）→ホモ・サピエンス（原生人類）のように直線的に進化したわけでなく、同時代に複数の人類の種が存在していたこともわかっています。ただ、ネアンデルタール人やフローレス人（ホモ・フローレシエンシス）が絶滅した後は、ホモ・サピエンスが唯一のホモ属の種となりました。一万二〇〇〇年前頃に農耕が始まり、文明が興こりました。もし、地球外生命が地球を観察し、そこに知的生命がいると認識できるのは、地球史四六億年のうち、直近の一万二〇〇〇年、つまり〇・〇〇〇三パーセント未満ということになります。

## 生物進化の原動力とタイムスケール

生物「進化」に関する一般的な印象として、ゆっくりしたスピードで少しずつ改良されていく、というイメージがあるのではないでしょうか。そして知的生物までの進化のためには安定した環境が長く続く必要があると思われがちです。

生命の誕生から人類の誕生までの地球での生物進化をざっと眺めてきてわかったことは、生物進化は地球環境の激変とシンクロナイズしてきた可能性が高いということです。全球凍結が起きて、生物種が激減したあと、真核生物や多様な多細胞生物が生まれてきました。巨大隕石が衝突して恐竜が絶滅したことをチャンスとして哺乳類が進化しました。そして、その中から人類という知的生物が生まれてきました。ということは、もしある惑星が極めて安定した環境をもち、環境の激変が起きなかったとしたならば、なかなか大きな進化は起きないとも考えられます。そのような穏やかな惑星では生命誕生から数十億年たっても単細胞の原核生物のようなものしかいない、といった可能性も考えられます。地球も何回かの激変を経験してきましたが、それでもどちらかといえば安定した環境が長く続いた星といっていいでしょう。そのため、誕生した生命は四〇億年ほど生存を続けて来られましたが、一方、知的生命の誕生までの生物進化に約四〇億年という長い期間がかかってしまったともいえます。地球の場合、月があるために地球環境が安定してきた、という議論があります。もし、月がなければ地球環境がより不安定になり、これは進化にとってマイナスであり、このため人類のような知的生命は誕生しなかっただろうと。しかし、不安定な環境により生物進化のスピードが上がった可能性もあると私は考えます。

進化に関するもう一つの誤解は、進化が原核生物→真核単細胞生物→多細胞生物→無脊椎動物→魚類→両生類→爬虫類→鳥類→哺乳類→霊長類→人類というように、まるで人類の誕生をめざすよう、一方向に進んできたというものです。系統樹を書く時には、当然のようにヒトを一番端に書く習慣があるのは、世界地図を自分たちの国を中心に書く（日本の世界地図は日本中心だし、欧米のものは大西洋が中心になる）のと同じでしょう。しかし、体の仕組みに関しては、見方によっては哺乳類や、ましてや人類がベストとはとても言い難い点が多々あります。

例えば、陸上生活をする動物は不必要になった窒素を捨てる必要があります。哺乳類は不要な窒素を尿素の形で水に溶かして捨てるため、大量の水が必要となります。ところが爬虫類や鳥類は尿酸の形で捨てるため、水がなくても廃棄が可能です。また、肺の構造でも、鳥類は空気の流れを一方通行にして効率よく呼吸しますが、哺乳類はそうなっておらず、鳥類のように空気の薄いところでは生活できません（以上は更級功『残酷な進化論』から）。もし、六五五〇万年前の隕石衝突がなかったとするならば、恐竜の中でも比較的冷や飯を食っていたような種が、生き抜くために脳に投資し、やがて知的生命に進化した可能性も考えられます。

もう一ついえることは、個々の生物種は絶滅しやすいものですが、すべての生物を絶滅させるのは非常に難しいということです。地球でおきた全球凍結などのイベントや五大絶滅で全生物種の九〇パーセント以上が絶滅したことは何度もありましたが、それでも地球生命は根絶はされなかったのです。

以上をまとめると、ホモ・サピエンスという知的生物が誕生するためには、様々な偶然が必要でした。つまり、客観的に見て、地球上で共通の祖先からホモ・サピエンスが誕生する確率はほぼゼロということができます。しかし、他の知的生命が誕生する確率はそれなりにあったと思われます。たとえていえば、あなたという人間が今存在しているためには、あなたの両親が出会わなければならなかったし、両親のまた両親が出会わなければ両親は生まれませんでした。このように考えていくと、「あなた」という人間が誕生できた確率はほぼゼロとなります。しかし、現在の地球上には七〇億を超える人類が生存しています。宇宙で知的生命が誕生する確率は、確かに生命が誕生する確率よりはかなり低いでしょうが、それでもある確率で何らかの形の知的生命は誕生するのではないでしょうか。

# 第4章
# 火星生命探査

## ヴァイキング計画

前の章までで、地球をケーススタディとして生命の誕生と進化を考えてきました。本章からは他の天体での生命の可能性とその探査法を探っていきましょう。まずは太陽系内から。太陽系の地球以外の惑星の生命を考える上で、第一に指を折るのが火星であることに異論のある人は少ないでしょう。第1章で紹介したように、一九世紀から二〇世紀初頭にかけてスキャパレリやローウェルの「火星運河」騒動で火星生命に対する世間の関心が一気に高まりました。しかし、二〇世紀になり、探査機を用いて火星の近くまでいくことができるようになると、運河や火星人の可能性は砕け散りました。それでも、微生物などの火星上空からは見えない生物の存在までは否定されてはいません。

火星の表面に生命がいるかどうかを調べよう。これを直接の目的とした一九七〇年代の火星探査がヴァイキング計画でした。太陽を回る地球と火星の軌道の関係から、二年に一度、地球と火星が接近するので、このチャンスをねらって探査機を打ち上げると時間やコストが削減できます。そこでNASAは一九七五年八月にヴァイキング1号、少し遅れて九月にヴァイキン

**図4－1　ヴァイキング2号が着陸日に撮影した火星のパノラマ写真**
©NASA

グ2号を打ち上げました。1号は一九七六年六月に火星を回る軌道に入り、七月四日の着陸をめざしました。なぜ七月四日にこだわったのでしょうか。それは一七七六年七月四日に何があったかを思い出せば明白です。そう。アメリカの独立からちょうど二〇〇年という節目の日だったのです。ただ、着陸地点を選ぶのに手間取り、実際には七月二〇日にクリュセ平原に着陸しました。つづいて2号も九月三日に無事にユートピア平原に着陸しました（図4－1）。

ヴァイキング計画の最大の目的は火星表面に生命が存在するかを調べることでしたが、そのために用いられた方法は五つありました。まずは、写真撮影。肉眼で見えるようなサイズの生物がいれば、この方法で見つかるでしょう。第二に、生物が有機物でできているとするならば、火星土壌中に有機物があるはずです。そこで有機物の分析のため、「昇温気化ガスクロマトグラフ質量分析計」（TV－GC／MS）という装置が用いられました。火星生物がタンパク質や核酸などの地球生物と同じ有機物を用いていれば、より優れた分析法も考えられますが、どのような有機物を用いているかはわからないため、とにかく何らかの有機物があるかどうかに的を絞ったわけです。残りの三つが、いわゆる「ヴァイキング生物学実験」とよ

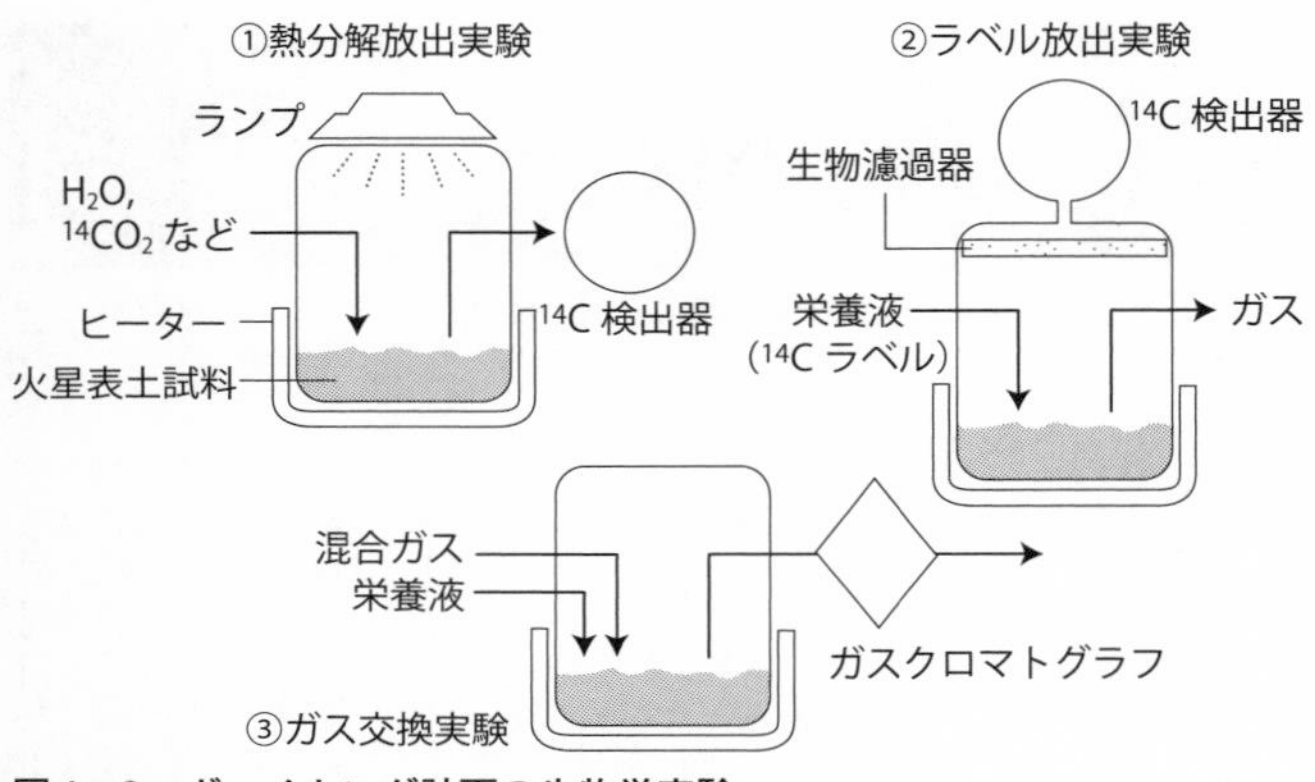


**図4－2　ヴァイキング計画の生物学実験**

ばれるものです。なお、これらの実験では火星の表面土壌はシャベル型のサンプラーで採取され、実験装置に入れられました。

生物学実験の一つ目は、「熱分解放出（ＰＲ）実験」とよばれるもので、光合成を行う生物を探すものです。まず、採取された土壌を容器に入れ、これに水と二酸化炭素を加えた後、光をあてました。二酸化炭素は放射性炭素（$^{14}C$）を含むものを用意しました。もし、地球の光合成生物と同じような生物がいれば、揮発性のない有機物（地球生物だったらグルコース）を合成するでしょう。次に、この土壌を加熱します。そうすると、土壌中に固定された有機物（$^{14}C$を含む）が二酸化炭素に戻るため、放射線検出器にひっかかるというわけです。

二つ目は、「ラベル放出（ＬＲ）実験」で、有機物を「食べる」生物（従属栄養生物）をターゲットにしたものです。アミノ酸や乳酸などの有機物の水溶液

（栄養液）を採取した土壌に加えます。これらの有機物は$^{14}C$を含む放射性のものでした。これらの有機物を食べて分解する生物がいれば、放射性の二酸化炭素などのガスが発生し、それを放射線検出器で検出します。

三つ目は「ガス交換（GEX）実験」で「呼吸」を調べるものであり、日系アメリカ人のヴァンス大山（一九二二〜一九九八）が考案しました。地球の多くの生物（動物・植物）は、空気を吸ってその中の酸素を取り込み、体内で有機物を燃やすのに使います。その時に生じた二酸化炭素を排出します。つまり、この呼吸の前後で空気の組成が変化するわけです。そこで、まず土壌試料に水蒸気を与えた後、種々のアミノ酸やビタミンを含む栄養液と二酸化炭素・ヘリウム・クリプトンの混合気体を加えました。そのまま一〇日間放置した後、試料室のガスをガスクロマトグラフで分析し、ガス組成の変化、特に酸素やメタンという新たなガスが生じないかを調べるという計画でした。

## ヴァイキング探査の光と影

ヴァイキングの着陸地点は、事前には決まっておらず、二機の探査機が火星を周回しながら安全に降りられる場所を探しました。結果的に選ばれたクリュセ平原とユートピア平原は中緯度にあり、石ころがごろごろ転がる砂漠のような場所でした。送られてきた画像をみる限り、そこに生物の気配はありませんでした。

生物学実験の結果はどうだったでしょうか。まず、PR実験では大気中の二酸化炭素の一部が土壌中に固定されたことを示す結果が得られました。しかし、九〇℃であらかじめ加熱した土壌も同様な結果だったため、生物がいる結果ではないと判断されました。GEX実験では、水蒸気を与えるとすぐに大量の酸素と少量の二酸化炭素が発生しましたが、次に栄養液を加えた時にはそれらの濃度は徐々に減少しました。これは、加熱した地球土壌を用いた予備実験の結果に似たもので、単なる化学反応と解釈されました。

最も注目されたのがLR実験でした。栄養液を加えると多量の放射性のガスが発生したのです。つまり加えた有機物（$^{14}C$を含む）が分解されたことになります。しかし、一週間後に栄養液をもう一度加えてみたところ、今度は放射性ガスは発生しませんでした。実験を考案した科学者らは、LR実験からは生物の有無については結論が出せないとしました。

ここまでは、一応想定内の結果ともいえます。ただ、探査チームにとってショックだったのは、有機物分析の結果でした。隕石にさえ有機物があるのだから、地球に似た惑星である火星にも有機物くらいはあるだろうと予測されていました。しかし、加熱した時に発生した有機物はごくわずかでしたので、これが火星の土壌中のものか、探査機が地球から運んだものかの判定ができず、火星表土からは有機物が検出されなかったと結論されました。

これらの有機物の結果などから、総合的に「火星には生命が存在しなかった」という解釈が一人歩きするようになりました。このため、それ以降約二〇年にわたり、積極的に火星探査を進めようと言い出しにくい状況になってしまいました。これがヴァイキング計画の負の遺産です。

一方、ヴァイキング探査により火星環境については新たな知見が多く得られました。ヴァイキングが上空から火星表面を観測すると、バレーネットワーク（水路のような地形）やアウトフローチャンネル（大量の水が一時的に流れた跡）とよばれる、過去に大量の水が流れた痕跡が見つかりました。つまり、過去の火星には大量の水があったことになり、現在はともかく、過去の火星には生命が誕生し生存できた可能性が残されました。

## 火星探査空白の二〇年

前にも述べましたように、ヴァイキング計画後の二〇年ほどは新たな火星探査は言い出せない雰囲気になってしまいました。ただ、ヴァイキングの結果の解釈が進む中で、地球生命における新たな知見が続々と得られた二〇年でもありました。

最大の謎は、隕石にすら存在する有機物が火星でなぜ見つからなかったかです。これは過去の水の存在が関係します。火星は直径約六八〇〇キロメートルで地球（一二七〇〇キロメートル）の約半分、質量は地球の約一〇パーセントと小さく、重力も小さくなります。地球も火星も最初は熱かったのが徐々に冷めていきましたが、小さな火星の方が早く冷たくなり核も冷えて対流が弱まったため、磁気圏が失われました。このため、太陽風が直接火星に降り注ぎ、そのエネルギーで大気が失われていきました。また、オゾン層のない火星では強い紫外線が火星表面にまで届き、水分子を水素と酸素に分解しました。水素は軽いため宇宙に逃げ、残った酸素が地表に残り、過酸化物・超酸化物とよばれる酸素を多く含む分子をつくりました。これらは有機物をこわしたり、殺菌する働きがあります。このため、火星の表面は、たとえ隕石が有機物を運んできたとしてもそれを壊してしまう環境だったといえます。

また、ヴァイキング生命探査で指摘された問題点として、試料の採取場所と、分析装置の感度、そして生物学実験のデザインなどがあります。ヴァイキングの着陸地点は事前に決められておらず、周回しながら着陸可能な地点が選ばれました。その結果、二機が降りたクリュセ平原・ユートピア平原は中緯度の比較的平坦な場所でした。図4－1でわかるように、砂漠のような場所です。地球の場合でも、草原と砂漠では生物密度はまるで違います。ヴァイキングが着陸したところが生命探査に向いたところであったかどうかは疑問が残ります。また、有機物検出の感度も、十分でなかったようです。ヴァイキングで用いられた装置を用い、チリのアタカマ砂漠（地上で火星に似た環境の場所として有名）の土壌を分析したところ、有機物が検出されなかったといいます。アタカマ砂漠は地上では生物にとって最も過酷な環境ですが、それでも土壌一グラム当たり一万匹くらいの微生物が生存しています。宇宙人が同様の装置を地球に送り、チリのアタカマ砂漠で生命探査を行ったとすると、「地球には生命はいなかった」と母星に報告したかもしれません。また、ヴァイキングで調べた火星の表土は、前に述べましたように過酸化物（漂白剤）で滅菌したようなものだったと考えられています。もっと深いところを調べていれば、違った結果になったかもしれません。

しかし、第1章でも述べたようにこの「空白の二〇年間」に、地球の生物については新たなことが次々と見つかりました。それまで太陽光があたる地球表層にしか生物圏が存在しないとされていたのが、地下や海底下にも化学合成生物が作り出した有機物を基とした生物圏が存在すること、高温、低温、高放射線などの通常環境とは異なる「極限環境」でも生存できる生物が存在すること、などです。これらのことは、ヴァイキング計画で用いた生物学実験が、地球生物からみると「極限環境」である火星での生命探査に適したものだったか、という点にも疑問符を投げかけるものでした。

### 火星隕石ＡＬＨ８４００１騒動

一九九六年八月七日、ＮＡＳＡのダニエル・ゴールディン長官（一九四〇〜　）らは大々的な記者会見を開きました。その発表の内容は「火星から飛来した隕石中に、過去の火星生命の痕跡を発見した」というきわめてセンセーショナルなもので、日本でも多くの新聞が一面に大きく取り上げました。

この研究を主導したのは、ＮＡＳＡの研究者デイヴィッド・マッケイ（一九三六〜二〇一三）です。火星からの隕石というのは米国の南極探検隊が一九八四年に南極のアランヒルズ

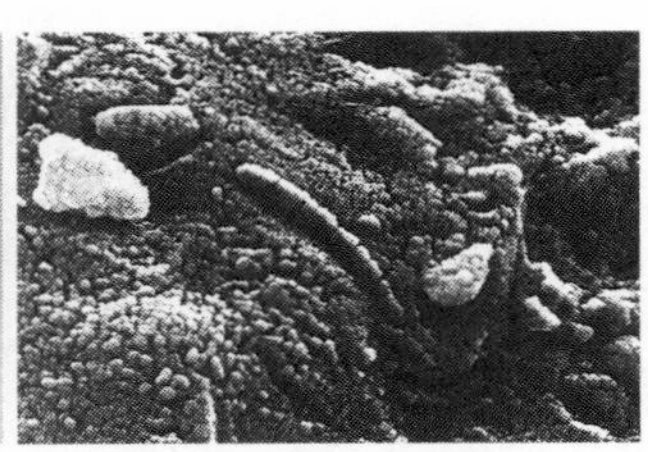

**図4−3　火星隕石 ALH84001（左）とその中の芋虫状の構造物（右）**
©NASA

（Allan Hills）で発見した多数の隕石の一つであり、ALH84001と名づけられていました（図4−3左）。隕石の多くは火星と木星の間の小惑星帯から飛来したとされますが、一部は月や火星から来たことが知られており、ALH84001の場合はこの隕石に含まれる気体成分の組成がヴァイキング計画でわかった火星大気の組成と類似していることから、火星起源であると断定されていました。

マッケイたちが火星生命の証拠としたのは、主として以下の四点です。まず、この岩石中に炭酸塩が見つかったこと。炭酸塩は生命と直接関係はありませんが、生命が必須とする水に関わります。炭酸塩は、二酸化炭素が水に溶けてはじめてできる鉱物なので、火星のこの岩石があった場所には液体の水があったことがわかります。第二に、この炭酸塩のあるあたりを電子顕微鏡で観察すると、芋虫状の構造が観察されたこと（図4−3右）。マッケイらはこれが火星微生物の化石ではないかと考えました。第三に同じあたりを特殊な分析装置で測定するとベンゼン環が連なったような有機化合物（多環芳香族炭化水素）が検出されたこと。これは生体分子ではないのですが、きわめて安定な分子であり、生体分子が自然界で長い時間をかけて分解されていくと、このような有機物に変化することは地球でも知られています。第四は磁鉄鉱とよばれる鉱物の極めて小さい結晶が連なった形でみられたこと。地球の生物の中に、細胞内で非常に小さな磁鉄鉱を作るものがあり、その磁鉄鉱の形状と隕石中に見つかったものの形状が類似していました。これらの四つの発見は、個々では微生物起源であるという確固とした証拠ではないのですが、この四つが揃えば、他の理由でできたとは考えにくいでしょう。これがマッケイたちがこの岩石中に過去に生物がいたと断定した根拠でした。

この発表に対し、これを支持する意見、反対する意見がぶつかりあい、大論争となり、その結論は未だに出ていません。ただ、両陣営とも決着をつけるためには再度の火星探査が必要であるという点では一致しました。これを追い風に、ＮＡＳＡは火星探査を再度本格化することになりました。

### 水を追え

ヴァイキング計画の時には、まず安全に着陸できることが優先され、探査する地点がどのようなところかまでは事前に議論することができませんでした。また、ヴァイキング計画により火星表土には過酸化物が多く、有機物や生命を探すには地下を探す必要があることがわかりました。そこで再開された火星探査の合い言葉は「水を追え！（Follow the Water!）」でした。現在、あるいは過去に水があった地点は、水がない地点よりも生命がいる可能性が高いからです。

**図4－4　オポチュニティの自撮り写真**
©NASA/JPL/Cornell

そのためには、火星に着陸したあと、じっとしているのではなく動き回った方がよいでしょう。新たな火星探査にはローバーとよばれる、カメラや測定装置を積んだ探査車が用いられるようになりました。

一連の火星ローバー探査の先陣は、マーズ・パスファインダーという探査機で、これから切り離された着陸機（ローバー）「ソジャーナ」は一九九七年に火星着陸に成功し、三ヵ月にわたり火星上を動き回り、洪水の跡などを見つけました。二〇〇三年に打ち上げられたマーズ・エクスプロレーション・ローバー・ミッションでは二〇〇四年一月に双子のローバー「スピリット」「オポチュニティ」を無事に火星着陸させました。オポチュニティ（図4－4）の着陸地点には過去に水があった痕跡があるということでメリディアニ平原が選ばれました。実際にはこの平原の一角にある直径二〇メートルのイーグル・クレーターの中に着陸しました。当初、九〇日間の活動を予定していましたが、延長に延長を重ね、二〇一九年まで一六年近くにわたり探査を続けました。その間、スメクタイトという水がなければ生成しない粘土鉱物を発見するなど、火星がかつて水の惑星であったことを示す証拠を得ました。

二〇〇八年五月には探査機フェニックスが火星の極冠近くに着陸しました。表面をスコップですくうと、白い塊が見つかり、やがて消えました。これは地下の氷であり、現在も地下に水の氷が存在することを示したものです。さらに、火星周回機のマーズ・リコネッサンス・オービターは、二〇〇六年から上空より火星を観察しつづけていますが、上空からの画像を解析するといくつかのクレーター内に「繰り返し現れる斜面の筋模様（略称はＲＳＬ）」（図４－５の矢印部分）が見つかったことが二〇一〇年に報告されました。ＲＳＬの長さは一〇〇メートルくらいです。さらに二〇一五年にはＲＳＬの跡を分光分析することにより、マグネシウムなどの塩化物や過塩素酸塩などの存在が示唆されました。このことは、現在でも場所や条件により、液体の水（高濃度の塩を含む）が地表まで流れ出ている可能性を示します。

**図４－５　火星上を液体の水が流れた跡？**
©NASA/JPL-Caltech/Univ. of Arizona

火星の平均表面温度は、〇℃以下ですが、〇℃以上になることもあります。また、塩を高濃度に含む水は〇℃以下でも凍りません。これらのことから、今でも地下には水の氷の他、高濃度の塩を含む液体の水も存在していることが推測されました。

## 有機物を探せ

火星には過去に大量の水があり、現在もある程度は存在することがわかってきたため、火星での次のターゲットは有機物になりました。前にも述べたように、ヴァイキング計画では有機物が検出できなかったことが最大のトラウマでした。しかし、これは単に分析装置の感度が足りなかっただけとの可能性が指摘され、また火星隕石中に有機物が見つかったことから、新しい装置で火星の有機物を探す試みがなされました。

最も単純な有機物はメタン（$CH_4$）です。メタンは木星や土星には大量に存在することからわかりますように、それだけでは生命の証拠にはなりません。しかし、メタンは紫外線により分解されやすいため、火星上では数百年しか存在できません。このため、二酸化炭素を主とする大気を持ち、表面に過酸化物を多く含む現在の火星において、メタンが見つかることには特別の意味があります。

二〇〇四年、ＥＳＡ（欧州宇宙機関）が打ち上げた火星探査機マーズ・エクスプレスに搭載された分光器により、わずかながらメタンが存在することが見いだされました。さらに二〇〇九年には米国の科学者が地球からの観測により火星にメタンが存在することを確認し、場所や季節によりメタン濃度が変動することも報告されました。

これらのメタンの起源は不明です。しかし、地球においては化学合成細菌の中にメタンを作り出すもの（メタン生成菌）や、メタンをエネルギー源にして有機物を作るもの（メタン酸化細菌）などがいるため、メタンが検出できれば、その場所に生物がいる可能性が考えられます。

より複雑な有機物はどうでしょうか。NASAが本格的に火星の有機物探査に取り組んだのは、二〇一一年に打ち上げられたマーズ・サイエンス・ラボラトリーからです。周回機から切り離されて二〇一二年にゲール・クレーター内に着陸したローバーには「キュリオシティ」（好奇心）という愛称が与えられました（図4－6）。キュリオシティはそれまでのローバーよりも大型で、多数の分析装置を搭載していますが、その中にSAM（「火星でのサンプル分析」の頭文字をとった略称）という有機物分析装置が含まれています。有機物分析の基本原理はヴァイキング探査の時と同様で、加熱して出てくる有機物をガスクロマトグラフ質量分析計（GC／MS）で分析するものです。ただ、サンプルは表土だけではなく、少し掘った内部の土壌も分析しました。

**図4－6　キュリオシティ・ローバー**
©NASA/JPL-Caltech/MSSS

まず見つかったのは、炭化水素に塩素がついたものでした。これはヴァイキングの装置でも見つかっていましたが、少量だったために火星由来か地球から持ち込んだものかの判定がつきませんでした。SAMは高感度だったので、火星由来であることが確認できました。火星土壌中に過塩素酸塩などが含まれ、これが火星土壌中の有機物といっしょに加熱された時に塩素のついた炭化水素になったと判定されました。キュリオシティは、火星上を移動しながら、土壌の分析を続けました。そして、二〇一八年にはゲール・クレーター内の泥岩を五〇〇～八二〇℃で加熱して出てきたガスを分析したところ、ベンゼン環を含むものやイオウを含むものなど様々な複雑有機物を検出しました。ゲール・クレーターは三五億年前には湖だったとされ、そこにいた生物が作り出した複雑な有機物が湖底に沈み、長年の変成を受けながら今日まで保存されてきた可能性が考えられています。

### 火星の素顔と歴史

火星に関しては、これまでの探査により、かなり詳しい情報が得られました。ここで火星に関する私たちの知識をまとめておきましょう。表4－1は地球と火星、および金星を比較したものです。また、図4－7は三つの惑星の写真を実際の大きさの比率に合わせたものです。三つの惑星は水星とともに太陽系の「地球型惑星」に分類されますが、その外見や表面温度、大気圧などが大きく異なっています。これは主として各惑星の太陽からの距離と大きさによると考えられています。

一般的にいって、太陽から近いほど太陽から多くのエネルギーを受けるため温度が高くなる傾向があり、表面温度は高い方から金星、地球、火星の順になります。生命にとって液体の水

| 惑星 | 金星 | 地球 | 火星 |
|---|---|---|---|
| 赤道直径 | 12,104 km | 12,756 km | 6,794 km |
| 質量 | $4.87 \times 10^{24}$ kg（地球の82％） | $5.97 \times 10^{24}$ kg | $6.4 \times 10^{23}$ kg（地球の11％） |
| 太陽からの平均距離＊ | 0.723 AU | 1.000 AU | 1.524 AU |
| 平均表面温度 | ＋464℃ | ＋15℃ | －63℃ |
| 大気圧 | 92気圧 | 1気圧 | 0.006気圧 |
| 大気組成 | $CO_2$ 96.5％<br>$N_2$ 3.5％ | $N_2$ 78.1％<br>$O_2$ 21.0％<br>$CO_2$ 0.04％ | $CO_2$ 95.3％<br>$N_2$ 2.7％<br>Ar 1.6％ |

＊1 AU（天文単位）＝1億5000万 km

**表4－1　金星・地球・火星の比較**

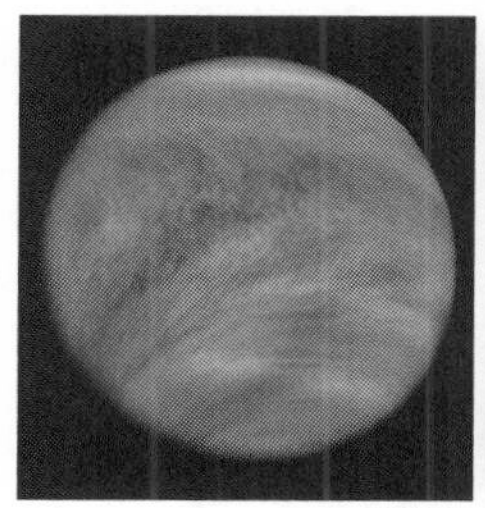

©NASA

©NASA

©NASA/JPL-Caltech/USGS

**図4－7　金星・地球・火星**

が不可欠であるため（第2章）、惑星表面に液体の水が存在することが、その惑星に生命が存在できること（「ハビタビリティ」という）の条件と考えられてきました。水は一気圧下で〇〜一〇〇℃で液体状態で存在するため、惑星表面がこの温度範囲で存在できる区域が一般的にハビタブルゾーンとよばれています。ただ、惑星表面温度は、大気の圧力や組成にも大きく依存します。特にいわゆる「温室効果ガス」（二酸化炭素、メタンなど）があるかないかで表面温度は大きく変わります。地球の立ち位置は本当は微妙で、温室効果ガスが全くなければ現在の太陽の光度ですと地球の位置での惑星表面温度はマイナス一八℃程度となり、ハビタブルではないことになります。現在の地球の大気組成を参考に太陽系のハビタブルゾーンを計算すると〇・九七〜一・三九天文単位（一天文単位は太陽から地球までの平均距離）となるため、現在の太陽系では地球はハビタブルですが、火星は一・五二四天文単位でハビタブルゾーンの外側になってしまいます。

過去の太陽系のハビタブルゾーンを考える時には、その時の太陽光度が問題となります。過去の太陽光度は現在の太陽よりも低く、四〇億年前頃は現在の七〇パーセント程度と考えられています。この場合、地球でも、さらに高濃度の温室効果ガスがなければ凍りついてしまったはずですが、初期地球には液体の水が存在していたのは明らかです。この矛盾は「暗い太陽のパラドックス」とよばれ、有効な温室効果ガスが何だったかはまだ論争中です。一方、火星もこれまでの探査の結果、三五億年前くらいまでは表面に大量の液体の水が存在していたことがわかっています。つまり、火星大気には地球よりもさらに強力な温室効果があったことが考えられます。つまり、地球外生命を考える時には古典的なハビタブルゾーンにはあまり強く縛られない方がよさそうです。

しかし、その後、火星からは液体の水のほとんどが失われてしまったようです。これは火星のサイズが地球よりかなり小さかったため、核が早く冷えて磁場が失われたせいとされています。地球の場合は現在も磁場が健在のため、太陽から噴き出す太陽風の多くが磁場によりブロックされています。火星の場合は磁場がなくなった後、太陽風が大気を直撃し、それによって火星大気が宇宙空間に逃げてしまったために大気圧が低下してしまったと考えられています。このため、大気の温室効果が減少し、火星は寒い、ハビタブルゾーンから外れた惑星になってしまったとされています。

## マーズ２０２０とエクソマーズ２０２２

火星生命の話に戻りましょう。火星では三五億年前頃までは表面に大量の水が存在して海を形成していたと考えられることから、地球で生命が誕生できたのならば、火星でも生命が誕生できた可能性は高かったと考えられます。いや、むしろ火星の方が地球よりも生命が発生しやすい環境だったと考える研究者もいるくらいです。しかし、その後、火星の大気や表面の液体の水の多くは失われてしまいました。このため、地球でおきたような多細胞生物への生命進化は難しかった可能性が高いとされています。しかし、火星地下には大量の水の氷があり、その一部は塩水として地表に流れ出たりしているのでは、といわれています。地球の生命進化をみた時、個々の生物種はいずれは絶滅しますが、地球生命すべてを絶滅させるのは極めて難しいことがわかっています。つまり、いったん火星生命が誕生したならば、地下などに生きのびているものがいる可能性は高いのではないでしょうか。それらを探すのが今後の火星探査の目的

となります。現在進行中の計画の中では、NASAのマーズ2020とESAのエクソマーズ2022が注目されています。

NASAは水、有機物と火星生命の外堀、内堀を埋めてきました。NASAは生命探査の切り札としては火星試料の地球への持ち帰り（サンプルリターン）をめざしています。さらに将来の火星有人探査をみすえ、マーズ2020計画を開始しました。探査機は二〇二〇年七月に打ち上げ、二〇二一年二月に火星に無事着陸しました。この計画でもローバーが用いられていますが、基本的にキュリオシティを継承したものでパーサヴィアランス（忍耐）という愛称がつけられました（図4－8）。着陸地はジェゼロ・クレーターという赤道近くのイシディス平原の端に位置するところで、川が流れ込んでデルタ地帯を形成しており、炭酸塩や粘土鉱物が見つかっています。ここでは川からの有機物や微生物の痕跡が見つかることが期待されています。また、初めての試みとして、インジェニュイティ（創造力）という名前のヘリコプターを飛ばし、上空からの撮影も行っています。

**図4－8　マーズ2020・パーサヴィアランス・ローバー**
©NASA/JPL-Caltech

パーサヴィアランスの有機物分析の中心はシャーロック（SHERLOC）と名づけられた装置で、紫外線レーザーとラマンおよび発光分光計を組み合わせて火星土壌の微細なイメージングを行い、有機物や鉱物を調べ、生命の痕跡を探っています。また、岩石や土壌を集めて、将来の火星ミッションで地球に持ち帰る準備も行うのも重要な任務です。二〇二一年九月に初めて火星岩石試料を集めてサンプル容器に納めました。将来、別のローバーがこれを回収し、火星軌道まで打ち上げ、そこで待機している周回機にサンプルを渡し、この周回機が地球に帰還するという筋書きです。

ESAの火星探査は二〇〇三年六月打上げのマーズ・エクスプレスが最初のもので、周回機と着陸機のセットでした。周回機は同年一二月無事に火星周回軌道に入り、その後、長期にわたり上空からの火星探査を行っています。一方の着陸機はビーグル2という愛称（「ビーグル」はダーウィンがガラパゴスに行った時に乗った船の名前）で、火星での有機物分析を行う予定で、二〇〇三年一二月に着陸を試みましたが、通信が途絶えてしまいました。このため、捲土重来のミッションとしてエクソマーズ計画が立ち上がったわけです。

エクソマーズでは、周回機と着陸機を別のロケットで打ち上げることになり、まずはトレースガス・オービターという周回機が二〇一六年に打ち上げられました。二〇一七年に無事に火星周回軌道に投入され、メタンなどの微量の大気成分の分析を行っています。着陸機の打ち上げは、当初二〇一八年の予定でしたが、延期がつづき、現在は二〇二二年の打ち上げをめざし

図4－9　エクソマーズ2022のロザリンド・フランクリン・ローバー実物大模型

て準備が進んでいますので、名前もエクソマーズ2022ローバーとよばれています。探査の目的は火星生命探査が主です。着陸地点はオキシア平原で、過去に水が流れた形跡があります。最大の売りは、ドリルで二メートル掘って地下の土壌を採取し、有機物分析を行う点です。NASAのキュリオシティの探査で、表面土壌は過酸化物を含む「酸化的」な環境にもかかわらず、少し地下は有機物が安定な「還元的」な環境であることがわかりました。キュリオシティでも手の届かなかった、より深い土壌には生命もしくは過去の生命が遺した有機物があるかもしれません。

エクソマーズ2022ローバーにはロザリンド・フランクリンという愛称がつけられています（図4－9）。これは、一九五三年にジェームズ・ワトソン（一九二八～　）とフランシス・クリック（一九一六～二〇〇四）がDNAの二重らせん構造を発見したとき、そのアイディアのもとになった実験を行った英国の女性研究者（一九二〇～一九五八）の名前から取られました。彼女は米国人のワトソンから「ダーク・レディ」とよばれるなどさんざんハラスメントを受け、また病気で若くして亡くなったために ノーベル賞を受賞できなかった悲運の研究者ですが、欧州のアストロバイオロジーコミュニティは彼女の功績を忘れていませんでした。

さて、ロザリンド・フランクリン・ローバーにはドリルの他、様々な分析装置が取り付けられていますが、生命探査で最も重要なのはMOMA（火星有機分子分析計）です。ここでは、二つの方法で土壌からの有機物を取り出します。一つは加熱で、NASAのキュリオシティとほぼ同じ方法です。もう一つは紫外線レーザーをあてることにより土壌中の有機物をそのままガス中に取り出す方法で、これにより細胞膜の成分である脂肪酸などが検出されることが期待されています。なお、当初は「ライフ・マーカー・チップ」とよばれる、特定の生体分子を抗原抗体反応で高感度に検出する装置や、化学者ハロルド・ユーリーから名前を取った「ユーリー装置」（試料から熱水で有機物を抽出します）の搭載が検討されていましたが、重量制限などから搭載は見送られました。

### 火星で今も生きている微生物はいるか

火星では生命が誕生しうる環境があったこと、しかし、三五億年前以降には火星の表面の水や大気の多くが失われ、生物の生存には厳しい環境になっていったことがわかってきました。これまでのNASAの火星探査やマーズ２０２０、ESAのエクソマーズ２０２２は、過去および現在の生命を探ることを大目的としてはいますが、どちらかというと過去の生命の痕跡発見を主眼とした探査です。現存の生命探査には三つの大きい壁があるのです。

まずは、私たちの手の届くところに生きている火星生物がいるかどうかという問題。確かに、火星表面は、私たちが暮らすにはあまり快適ではありません。表4－1にあるように、火星の表面温度は地球より低く、大気圧は低く、酸素はほとんどありません。しかし、微生物の生存には温度が低いことはあまり妨げにはなりません。増殖するためには液体の水が必要ですが、火星の表面温度は時に〇℃以上になることもあるので、普段はじっとしていて、液体の水が現れた時に活動や増殖をすればいいのです。低圧で生きるもの、無酸素で生きるものも多数知られています。磁場がないため、火星表面での放射線強度は強いのですが、そのような環境で生きられる地球生物も存在します。ただ、火星はオゾン層がないため、火星表面での紫外線強度が強く、これに耐えられるような地球生物は知られていません。しかし、紫外線は土壌で容易に遮ることができるため、ほんの少し地下にもぐるだけでも、地球生物でも生存可能になります。つまり、火星の地下ならば、ある種の地球生物でも十分に生き抜けるのです。

第二に火星生命がいるとしても、その正体は全くわかっていないため、どのようにすれば検出できるか、という問題。ヴァイキング計画では、地球の微生物（光合成生物や従属栄養生物）を念頭に三つの生物学実験がデザインされました。しかし、現在の強紫外線環境の火星では光合成生物の存在はかなり難しいでしょう。むしろ、メタンなどを用いる化学合成生物の方がいそうですが、どのようなタイプの生物がいるのかは不明です。ヴァイキングのＬＲ実験で用いた栄養液を火星生物が好むかも問題で、餌と思って与えたものが彼らにとっては猛毒なのかもしれません。生命探査法については、あとでもう一度考えてみましょう。現在計画中の欧米の火星探査では今生きている微生物をどう見つけるかというよりは過去の生命の痕跡を見つける方が主要なターゲットとなっています。

第三は、逆説的に聞こえるでしょうが、本当に生きている生物がいそうなところには近づきにくいことです。火星に現在でも液体の水が流れている可能性がある場所の候補としてはRSLが見つかったクレーターの内壁などがあげられますが、この斜面は極めて急であり、近づくのは容易ではありません。また、現在液体の水が存在しているところは、探査機が地球の微生物を持ち込んでしまうと、そこで繁殖してしまうおそれがあるので、とりわけ注意が必要です。マーズ2020やエクソマーズ2022の着陸地点は、現在水が存在し、火星生物が活動していそうなところ（特別地域（スペシャルリージョン）とよばれる）は外しています。これは、「惑星保護（プラネタリー・プロテクション）」という重要な問題のためで、詳細については第8章で扱います。

## 今も生きている生物の探査法

現在も生き続けている生物がいるとして、それを検出するにはどうしたらいいでしょうか。これは生命の定義に大きく関わる問題です。生命は定義できない、となるとオールマイティの方法はないことになります。そこで、いくつかの仮定をおいて考えてみましょう。まず、有機物でできていること。外界との境界をもつこと。代謝を行うこと。自己複製するような仕組みをもつこと。これらは第2章で述べた地球生命の特徴です。もう一つ、「進化する」という特徴がありますが、これを調べるためにはある程度の時間が必要ですので、ここでは除外しましょう。

これらの特徴を調べられる方法として、日本の研究グループは一九九〇年代より蛍光顕微鏡を用いる方法を提案してきました。蛍光顕微鏡は生物系の研究室でよく使われているもので、試薬を加えた後に光をあてた時、試薬と反応する特定の物質のみが発光するという性質を利用して、細胞内の小器官や分子を観察する手法です。図4－10は蛍光顕微鏡で生体分子を検出する原理をまとめたものです。①は遺伝物質としてDNA、もしくはそれに類似したらせん構造の分子があれば、らせんのすきまに入りこんで蛍光を発する試薬、②は細胞膜のような疎水性のものがあれば、それに吸着して蛍光を発する試薬、③は代謝をするためには酵素のような触媒が必要なので、そのような触媒作用によって構造が変わって蛍光を発する試薬、これらを用います。また、生体分子の中にはクロロフィルのようにもともと蛍光を発する有機分子があるので、試薬なしでも蛍光画像が得られる可能性も十分にあります（④）。

この方法の利点は、複数の試薬を組み合わせることにより、多角的に生命の存在の可能性を調べられることです。⑤は、DNA検出試薬（①）と酵素検出試薬（③）を併用して南極の氷を調べた写真です。明るい線状のものは生きている放線菌で、実際には酵素により生じた緑色の強い蛍光が観察されますが、暗くぼんやりしたものは酵素がなく、ＤＮＡに吸着した色素が赤い色を示したもので、死んだ細胞と判断できます。もし、火星生物がＤＮＡとは全く異なる遺伝物質を使っていた場合、①では検出できなくても、②や③で検出できる可能性があります。

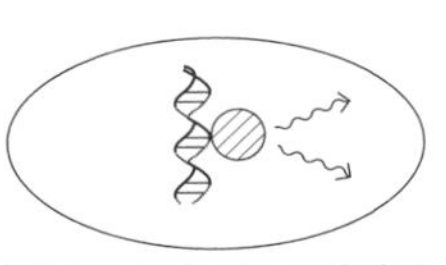

① DNA に吸着して蛍光を出す試薬

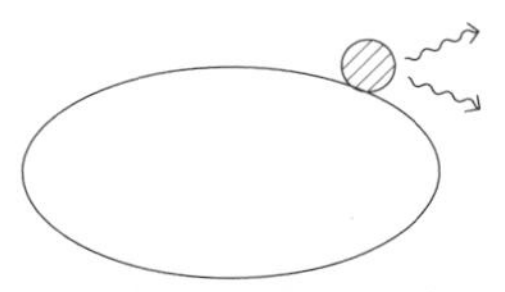

② 細胞膜に吸着して蛍光を出す試薬

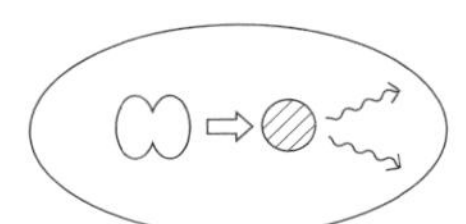

③ 酵素により反応を起こし蛍光を出す試薬

④ もともと蛍光を発する物質をもつ

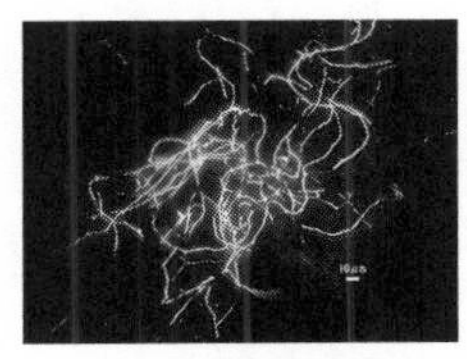

⑤ ①と③を併用して南極アイスコア試料を観察（吉村義隆教授・Vladimir Tsarev 博士の厚意による）

**図4－10　蛍光顕微鏡の原理と画像例**

この方法を用いて火星の生命探査をしようというアイディアは、三菱化成生命科学研究所（当時）の河崎行繁博士が一九九〇年代初頭に提案したものです。この頃は、ヴァイキング計画後の「空白の二〇年」で世界中で具体的な火星生命探査がなかった頃です。まずは、日本国内で研究グループを作り、火星探査案を作成しました。日本独自の火星探査はすぐにはできないため、まずは独自の火星探査を計画中のロシアの研究者と議論し、さらに一九九四年にトリエステ（イタリア）で開催されたオパーリン生誕一〇〇周年を記念した生命の起源に関する国際シンポジウムでこの案を提案しました。翌一九九五年、トリエステで再度開催された国際シンポジウムでは日米欧露の四〇名を超える賛同者が集まり、国際共同ミッション実施に向けた具体案を作成しようとしました。しかし、一九九六年に火星隕石ALH84001の騒動が持ち上がり、この計画は幻となってしまいました。蛍光顕微鏡を用いた火星生命探査は、今も日本で検討が続けられており、探査用に小型化した「生命検出（ライフ・ディテクション）顕微鏡（マイクロスコープ）（LDM）」の開発が続けられています。

LDMで蛍光画像が検出されたとしても、一〇〇パーセント生命が存在すると断定はできず、さらにそれを裏付ける分析が必要です。さまざまな方法が考えられますが、ここではアミノ酸分析を取り上げましょう。

### アミノ酸分析による生命探査

第2章でみたように、地球生命を支えているのはタンパク質と核酸ですが、地球外生命が有機物からなっているとしても、タンパク質と核酸を用いている保証はどこにもありません。特に、原始地球上で核酸（まずはRNA、ついでDNA）がどのように生成したかもよくわかっておらず、核酸が地球以外でそう簡単に生成する分子とも思えないことから、他の天体で核酸を探すというのは、生命探査法としては博打（ばくち）に近いものです。仮に、もし火星生物が地球生物と同じDNAを用いているならば、新型コロナウィルス対策で有名になったPCR（ポリメラーゼ・チェイン・リアクション）法を用いれば、極めて高感度に検出できる可能性があるのですが……。

一方のタンパク質は、アミノ酸を一列につなぎ合わせたもので、そのアミノ酸は隕石中にも多種類見つかっていること、いろいろな化学進化実験でも比較的簡単にできる分子であることから、地球や地球外でも容易に生成しうると考えられる有機物です。さらにタンパク質はさまざまな機能を持ちうるものであるため、地球外生物もタンパク質のようなアミノ酸をつなげた分子を使っている可能性は高いと思われます。

しかし、アミノ酸は隕石中にも見つかっており、生物がいなくても勝手にできてしまうのだったら、アミノ酸を見つけても生命の証拠にならないのではないか、と思われるのではないでしょうか。でも、実際には生物が作ったアミノ酸と、それ以外のアミノ酸はある程度は区別が可能なのです。まずはアミノ酸の種類。化学進化実験でアミノ酸を作るとグリシンなどの単純な（側鎖が水素、または鎖状の炭化水素だけでできた）アミノ酸が圧倒的に多く生成し、地球生物の酵素が働くのに不可欠なヒスチジンやリジンといった複雑なアミノ酸はほとんどできないのです。また、「単純な」アミノ酸は隕石中にはきわめて多くの種類が見つかっていますが、地球生物が用いているのはその中の限られた数のもののみです。表４－２に単純なアミノ酸の数を炭素数ごとにまとめました。例えば炭素数３のアミノ酸には分子量は同じなのに違った構造をもつアラニンとβ（ベータ）－アラニンの二種類がありますが、タンパク質で使われているのはアラ

| 炭素数 | 組成式 | 可能な分子の種類 | タンパク質アミノ酸の種類 | タンパク質アミノ酸の名前 | 非タンパク質アミノ酸の例 |
|---|---|---|---|---|---|
| 2 | $C_2H_5O_2N$ | 1 | 1 | グリシン | （なし） |
| 3 | $C_3H_7O_2N$ | 2 | 1 | アラニン* | β−アラニン** |
| 4 | $C_4H_9O_2N$ | 5 | 0 | （なし） | α−アミノ酪酸<br>γ−アミノ酪酸 |
| 5 | $C_5H_{11}O_2N$ | 12 | 1 | バリン | イソバリン<br>ノルバリン |
| 6 | $C_6H_{13}O_2N$ | 31 | 2 | ロイシン<br>イソロイシン | ノルロイシン<br>*tert*−ロイシン |

＊アラニン

$NH_2-CH(CH_3)-COOH$

＊＊β−アラニン

$NH_2-CH_2-CH_2-COOH$

表4－2　「単純な」アミノ酸の種類

ニンだけです。炭素数4のアミノ酸は隕石中には五つとも見つかっており、なおかつその存在量も比較的多いのですが、タンパク質にはどれも用いられていません。炭素数5のアミノ酸は隕石中に一二種類種類すべてが見つかっていますが、タンパク質アミノ酸として使われているのは一種類だけです。このことから、見つかるアミノ酸の種類が特定のものに限られている場合、生物起源である可能性が高くなりますが、構造的に可能なもの（異性体）が多種類存在すれば、それは生物起源でないと判断できます。そして、アミノ酸に関しては生物起源と非生物起源をみわける重要な性質があります。それは右手型、左手型の違いです。

## 右手型アミノ酸と左手型アミノ酸

アミノ酸の構造は表4－2のように平面的に書くことも多いのですが、実際は図2－6（42ページ）のような立体的配置をしています。一つの炭素に四つの異なったものがついた場合、左の分子と右の分子は、どのように回転させても重ね合わせることはできませんが、左のものを鏡に映したものは右のものと同じになります。つまり右手と左手の関係と同じです。このような二種類の分子のことを鏡像異性体とよびます。なお、もっとも単純なアミノ酸のグリシンはR＝H（水素）ですので、一つの炭素に二つのHがつくため、鏡像異性体をもちません。

地球の生物はアミノ酸をつないでタンパク質を作りますが、このとき使えるのは左手型（L型）のアミノ酸（およびグリシン）のみであり、右手型（D型）をまぜて使うことはありません。そこで、地球生物のタンパク質を分析すると、ほぼ左手型アミノ酸のみになります（あとで右手型に変わることがあるため、微量の右手型アミノ酸も存在します）。他方、隕石中のアミノ酸や、化学進化実験で合成したアミノ酸は左手型と右手型がほぼ同じくらい混じったものです。この違いは、生命探査に用いることができます。

なぜ、地球の生物は左手型アミノ酸を使っているのかは、生命の起源を考える上でまだ解明されていない大きな謎ですが、多くの仮説が提案されています。その中には地球上での様々な環境のせいで左手型アミノ酸が選ばれた、あるいは偶然左手型アミノ酸が選ばれた、などの説もあります。この場合、火星生物がアミノ酸を使っている場合、火星の環境のせいで、あるいは偶然にどちらかが選ばれ、右手型か左手型のどちらかを使っていることになるでしょう。

最近有力な仮説として、宇宙からアミノ酸が運ばれた時に、宇宙でできたアミノ酸に左手型のものが多かったため、というものがあります。実際に隕石中のアミノ酸を丁寧に分析すると、一部のアミノ酸に左手型の方が右手型よりも多いという傾向が見つかっています。これが正しいとすれば、火星にも地球と同じ傾向のアミノ酸が供給されたため、左手型アミノ酸を使う生物が誕生した可能性が高いということになります。

以上のことをまとめると、火星地下の土壌中からアミノ酸が見つかった場合、以下のケースが考えられます。

1　単純なアミノ酸が多く、さまざまな異性体がまじりあい、左手型と右手型がほぼ同量存在した場合。現在生きている生物はあまり存在せず、アミノ酸は宇宙または火星上で非生物的に合成されたものでしょう。

2　アミノ酸の種類が複雑なものも含まれており、可能な異性体のうち特定のもののみが多く存在しているものの、その種類は地球生物が使っているものと異なり、また左手型または右手型アミノ酸のどちらか一方の割合がかなり多い場合。火星上に、地球生物とは別のところで誕生した生命が存在していることになります。

3　アミノ酸の種類は地球生物が使っているものと同じで、左手型アミノ酸が右手型アミノ酸よりもはるかに多い場合。火星上で生命が存在し、その祖先は地球生物の祖先と同じ可能性が高いといえます。つまり火星で誕生した生命が地球に届けられたか、またはその逆ということになります。

### 火星生命発見の意義と影響

火星で生命やその痕跡が見つかった場合、どのような意義があるのでしょうか。まずは、地球のみが生命を育む天体ではない、つまりわれわれは宇宙で孤独でないことがわかります。銀河系には二〇〇〇億個ほどの恒星が存在し、そのうちの一つが太陽です。その太陽に惑星が八つあり、しかもその二つに生命が存在する（した）となると、銀河系で生命が存在する天体の数は膨大なものになるはずです。また、太陽系の八つの惑星のうち表面に液体の水（海）が存在する（した）地球と火星という二つの天体に生命が存在したとなると、生命が存在しうる環境があれば生命が実際に誕生する確率が極めて高いことになります。

逆に、火星で生命が見つからなかった場合はどうでしょうか。ヴァイキング計画のことを思い出してもらえば、「見つからなかった」といっても、探した場所や探し方が正しかったかどうかという問題が残ります。二〇二〇年代初頭の探査では探査機は火星の「特別地域」には行かない予定です。表面で液体の水が存在する特別地域や、深部の氷やそれが溶けた水が多量に存在する場所に将来到達できれば、その時に生命やその痕跡が見つかる可能性があるのです。とことん探して見つからなかった場合は、液体の水が存在しうる環境でも必ずしも生命が誕生できるとは限らないことはわかります。しかし、生命が地球だけに存在すると言い切るのは、銀河の星の数を考えれば、まだまだ難しいといえるでしょう。

生命が見つかった場合の第二の意義は、生命の起源や、生命とは何かに関する重要なヒントが得られることです。もし、火星生命が地球生命と全く同じタンパク質（同じ左手型の20種類のアミノ酸）や核酸（DNA、RNA）を用いていたならば、その起源は同じ可能性が高くなります。ということは、火星と地球間での生命の移動が起こった、もしくは第三の天体上で誕生した生命が地球と火星に移動したと思われます。もし、火星生命が地球生命のタンパク質や核酸に似てはいるが若干異なる（例えば、塩基や糖の種類が異なる）有機物を用いていたならば、二つの可能性が考えられます。一つは、タンパク質・核酸型の生命は比較的普遍的に誕生しうること。もう一つは、地球生命の共通祖先よりも前の段階で、惑星間移動が起きた可能性です。

私が個人的に最も期待しているのは、核酸とは全く異なる自己複製システムを用いた生命が火星で見つかることです。私たちは核酸以外の遺伝物質を知らないため、ともすれば核酸のみが唯一の遺伝物質と思い込んでしまいがちです。二種類の遺伝物質を知ることにより、それらがどのようにして誕生したか、さらに第三の遺伝物質としてどのようなものがありうるかを議論できるようになるでしょう。まさに地球生命（タンパク質・核酸型生命）を中心とした天動説からの脱却が可能になるわけであり、生命の起源研究も全く新しいフェーズに進むことになるでしょう。

火星に生命が確認された場合、将来の火星有人探査や、火星への移住などには大きな影響が生じます。火星生命を保護すること、また、火星生命を地球に持ち込まないことを本気で考える必要が生じるのです。とりわけ、火星での液体の水が存在する地点では、万一、地球の微生物で汚染してしまうと、その水のネットワークにそって汚染が拡大し、最悪の場合は全火星的な汚染が生じてしまうかもしれません。ましてや、火星の大気組成を変えて地球に似た環境に変え、人類を移住させようとする「テラフォーミング」は極めて難しくなるでしょう。

# 第５章
# ウォーターワールドの生命

## 地球生物圏

宇宙からみた地球の写真（図5－1）からわかるのは、地球が陸地、海、そして大気（空気は見えないが、雲が見える）からなることです。地球科学の研究者は、地球を岩石圏（リソスフェア）、水圏（ハイドロスフェア）、気圏（アトモスフェア）に分けて研究してきました。一八七五年、オーストリアの地質学者エドゥアルト・ジュース（一八三一～一九一四）は、第四の圏（スフェア）として生物圏（バイオスフェア）を提案しました。生物圏ということばの使い方としては、地球に存在する生物のみを指すケースもあり、この場合は生物圏は岩石圏などの他の三つの圏と並立するものとなります。しかし、生物圏は一般的には生物およびその生物が生息する領域全体を示すのが一般的であり、具体的には生物が存在するとされる地表（地上および土壌など）、水圏（海・川・湖など）、そして気圏の下部をあわせたものになります。

世界の海で最も深いマリアナ海溝の深度八〇〇〇メートルでクサウオの仲間が見つかったり、高度一二〇〇〇メートルの上空で飛んでいたマダラハゲワシが航空機に吸い込まれたりした例もありますが、そのような例外的なものを含めても生物圏の厚さはたかだか二キロメートル程度であり、地球の半径六三七一キロメートルの〇・〇三パーセントという非常に薄っぺらいものと考えられてきました。

この生物圏の大きな特徴は、太陽からの光エネルギーに依存しているという点です。太陽の光、特に可視光を用いて植物や光合成微生物が有機物を作ります。動物はこの有機物を食べてエネルギー源として生きています。動物や植物が死んだ後には土壌中や水中の微生物により分解されます。このような太陽に依存したものが地球の唯一の生物圏であり、地球外の生物圏もこれと同様なものであろうと考えられてきました。そのため、地球外の生物圏を探る場合も、まず太陽光のあたる惑星表面がターゲットとなりました。火星の生命探査を行ったヴァイキング計画においても、三つの生物学実験のひとつとして光合成生物の有無を調べるPR実験（4章参照）が行われました。また、太陽系のハビタブルゾーンを定義するときには、太陽光のあたる惑星表面に生命活動があることを前提に、惑星表面で生命にとって不可欠な液体の水が存在することが最も重要とされました。この条件はきわめて厳しいものであり、第4章で述べたように現在の太陽系を対象にした場合は、ハビタブルゾーンは〇・九七〜一・三九天文単位程度という極めて狭いものになります。太陽系の海王星軌道（三〇・一天文単位）までだけを考えてもハビタブルゾーンの面積はたった〇・一パーセ

**図5－1　宇宙からみた地球**

ントに過ぎません（図5－2）。

この地球生物圏に関する考え方を大きく変えたのが一九七〇年代の海底熱水噴出孔の発見（第1章）と一九九〇年代の地下生物圏の発見（第4章）であり、これまで述べてきた「古典的生物圏」のみでは地球や地球外の生物圏は語れなくなってしまいました。

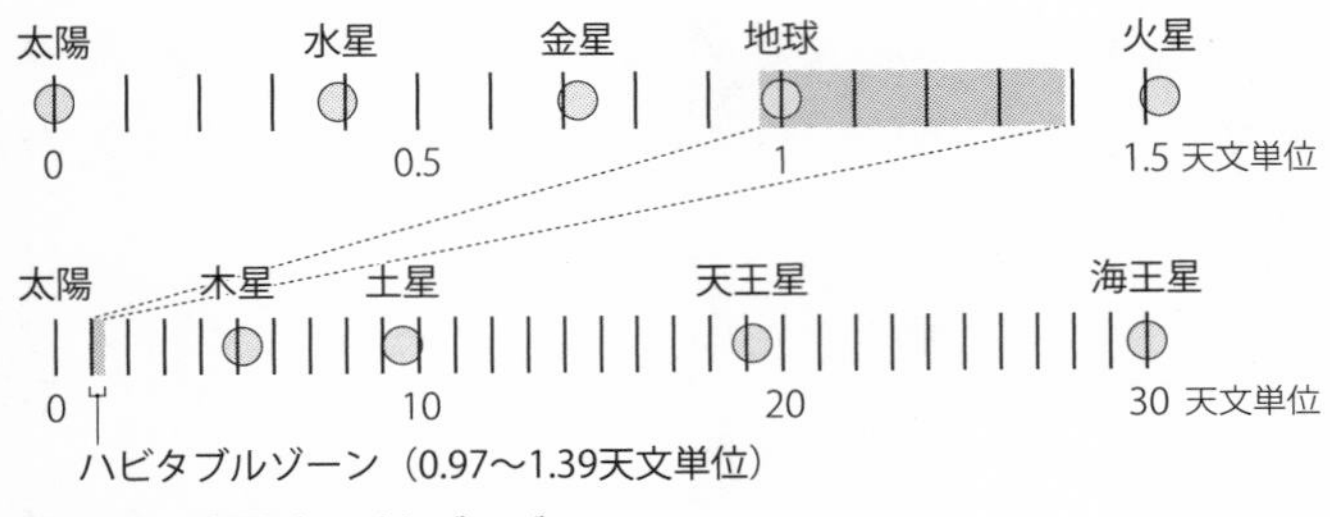

図5－2　太陽系ハビタブルゾーン

### 海底熱水噴出孔の発見

一九七七年、ジョン・B・コーリスらは米国ウッズ・ホール海洋研究所の観測船ノールに乗り、南米エクアドルのガラパゴス諸島沖の海底を探査していました。海底温泉があるのでは、という情報があったためで、生物がいるなどとは想定されませんでしたので、チームには生物学者は参加していませんでした。まずは無人観測装置アンガスを深度二五〇〇メートルまで降ろして曳航し、温度観測や写真撮影などを行いました。すると、海水温が周辺の海水（二℃）よりもわずか〇・〇五℃ほど高くなった場所が見つかり、その付近の写真を解析すると、驚くことに海底の溶岩地形を何百もの貝が覆っていました。全く光の届かない暗黒の世界では、生物がいるとしても浅海から降ってきたわずかな有機物を食べて細々と生きているものくらいだろうと思われていたのですが、これらの大量の貝はいったいどのようにして生きているのでしょうか。

コーリスたちは観測船ルルに乗り換え、ルルに搭載された三人乗りの潜水艇アルヴィンで深海探査を行いました。アンガスが貝を見つけた場所に近づくと、水温が八℃まで高まっているところがありました。これが海底から熱水がじわじわと噴き出す「熱水噴出孔」の発見でした。

**図5－3　ハオリムシ**

そして、この噴出孔の周辺には驚くべき生態系が存在したのです。「クラムベーク1」（クラムベークとは、貝を焼いて食べる浜辺のパーティー）と名づけられた最初の噴出孔周辺には、多数の二枚貝（シロウリガイなど）の他、カニやタコも発見されました。その後の潜行でさらに四つの噴出孔が見つかりましたが、そのひとつは水温が一七℃もあり、長さ四五センチメートルほどのチューブ状のものが多数ゆらゆらと揺れていて、まるでお花畑のような光景だったため、「エデンの園」と名づけられました。このそよいでいた生物は、ハオリムシ（英語名はチューブワーム）（図5－3）であり、海底熱水噴出孔まわりの生態系を代表する動物です。これらの発見は、太陽光の届かない暗黒の世界にも豊かな生態系が存在しうるということを示し、それまでの生物学や生態学の常識をみごとに打ち砕くものでした。

一九七九年にはアルヴィンを用いて米仏の共同探査が行われました。ガラパゴス沖の海底で貝の群落を追いかけていくと、突然二メートル近くもある煙突のようなものが海底から突きだしていました。まっくろな海水が吹き出し、まるで煙のように見えましたが、これが「ブラックスモーカー」とよばれる海底熱水噴出孔でした（65ページの図3－2参照）。温度計で温度を測ろうとすると温度の値が振り切れてしまいました。何かの間違いだろうと、温度計を引き上げてみるとプラスチック部分が融けてしまっていたのです。そこで、より高温が測れる温度計をブラックスモーカーに差し込むと、なんと三五〇℃を示しました。私たちが暮らす地表の一気圧のもとでは水は一〇〇℃で沸騰しますが、富士山頂では気圧が低いので八七℃で沸騰してしまいます。逆に高圧下では沸点は上昇し、深度二六〇〇メートルでは約二六〇気圧という高圧のため三五〇℃でも水は液体のままなのです。

三五〇℃の海水は岩石中の金属やマグマ由来の成分（硫化水素など）を多量に溶かしますが、これが二℃の冷たい海水中に噴き出したとたんに金属は固体の粒子として析出するため、これが黒い煙のように見えるのです。これが積もって煙突（チムニー）を作ります。煙突は熱水噴出孔の活動とともに成長し、高くそびえます。それぞれの煙突にはニックネームがついており、後に北太平洋で発見された四〇メートルを超える最大級の煙突はその大きさと形状からゴジラと名づけられました。

様々な化学反応を可能にする高温環境と、生成した有機物を安定に保存できる比較的低温の環境が共存すること、有機物生成に有利な還元的な（水素を多く含む）環境、化学反応や生命に必要な金属イオンが高濃度に含まれていること。このような特徴をもつ海底熱水噴出孔こそ生命の誕生の場にちがいない、とコーリスたちは直感しました。

### 深海底の暗黒生物圏

わたしたちがふだん目にする生物圏（古典的生物圏）は、太陽からの光エネルギーを用いて光合成生物（植物など）が有機物を生産し、これを動物などの従属栄養生物が消費する、というような食物連鎖により成り立っています。光合成は、光エネルギーをクロロフィル等を用いて吸収し、このエネルギーを用いて二酸化炭素などから有機物（糖）を合成します。一方、化学合成生物にはさまざまなタイプがあり、硫化水素、水素、鉄イオンなどの化学物質がもつエネルギーを用いて有機物を作りだします（図5－4）。

海底熱水噴出孔周辺のような深海では光エネルギーが使えないため、光合成に依存する古典的生物圏は存在できません。しかし、熱水に多く含まれている硫化水素やメタンなどをエネルギーとして化学合成生物が作り出す有機物に依存した「暗黒生物圏」が存在することがわかったのです。

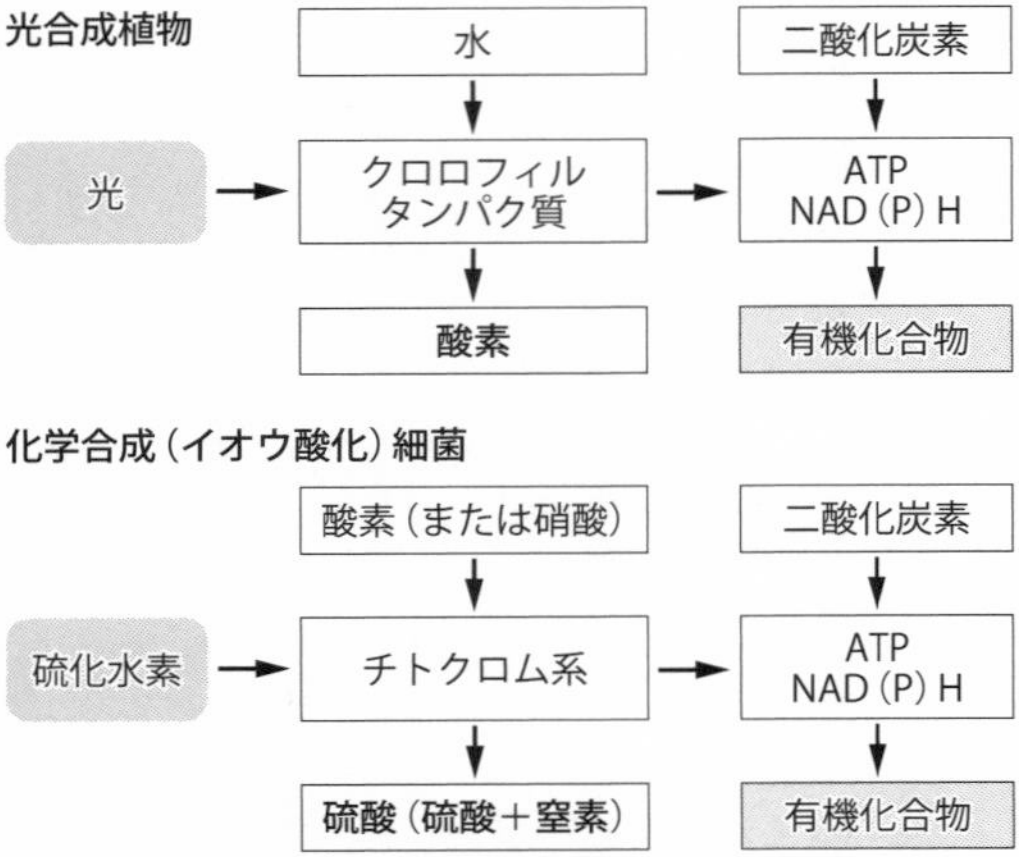

光合成植物

水 → クロロフィル タンパク質 → 酸素
光 → クロロフィル タンパク質
二酸化炭素 → ATP NAD (P) H → 有機化合物

化学合成（イオウ酸化）細菌

酸素（または硝酸） → チトクロム系 → 硫酸（硫酸＋窒素）
硫化水素 → チトクロム系
二酸化炭素 → ATP NAD (P) H → 有機化合物

図5－4　光合成生物と化学合成生物

海底熱水噴出孔周辺の暗黒生物圏を代表する動物であるハオリムシ（図5－3）は従属栄養生物であるのに消化器をもたず、その筒状の体内に化学合成細菌（イオウ酸化細菌）をぎっしりとつめこんでいます。鰓から海水をとりいれ、海水に含まれる硫化水素を細菌たちに与えると、細菌たちはせっせと有機物を作り出します（図5－4）。ハオリムシはその一部を家賃としてもらって生きているのです。二枚貝のシロウリガイも、貝殻の内外に化学合成細菌を住まわせて、彼らと共生しています。ハオリムシやシロウリガイの密集するところは有機物が多く作られているため、エビ、カニなどの動物たちも集まってにぎやかな生物圏となっています。

海底熱水噴出孔は、プレートの境目にかなり普遍的に存在することもわかってきました。日本周辺では、太平洋プレート、北米プレート、ユーラシアプレート、フィリピン海プレートと、多数のプレートの境界となっており、その境界となる沖縄や小笠原諸島の近海などに多数の海底熱水噴出孔が発見されていますので、日本はその研究では世界でトップレベルです。地球上で最も高温環境で増殖できる生物は現時点ではインド洋の海底熱水噴出孔付近で生息しているメタンを生成する古細菌であり、一二二℃でも増殖しますが、これはＪＡＭＳＴＥＣの高井研博士が発見しました。地球生命の共通祖先が好熱菌である可能性が考えられていること（第3章）から、海底熱水噴出孔は生命の誕生の場の候補として最右翼です。

## ヴォイジャー計画

話を宇宙に戻しましょう。ＮＡＳＡは、月、火星、金星につづき、一九七〇年代に木星や土星の探査に取りかかりました。一九七二年に打ち上げられたパイオニア10号は、一九七三年一二月に木星に接近して撮影を行いました。さらに、一九七三年に打ち上げられたパイオニア11号は一九七四年に木星を探査、さらに木星の重力を利用する「スウィングバイ」により加速して土星に向かい、一九七九年に土星に接近して撮影を行いました。

一九八二年に太陽系の惑星がほぼ同じ方向に並ぶという「惑星直列」状態になりましたが、一部ではその影響で地球で大地震が起こるなどのデマが飛びました。しかし、惑星探査にとってはこれは木星以遠の惑星をまとめて探査できるという千載一遇の好機であり、ＮＡＳＡもこれを見逃さず、「太陽系グランドツアー」とよばれる計画が構想されました。これに基づき一九七七年に二機の探査機、ヴォイジャー1号、2号が木星に向けて打ち上げられました。打ち上げ前、これが地球外生命探査にとって重要なミッションになると予想した科学者はほとんどいなかったでしょう。

ヴォイジャー1号は一九七九年一月に木星圏に到達し、多数の木星の画像を撮影したり、物理測定を行ったりしました。さらに木星の衛星の探査も行いました。木星の衛星は現時点（二〇二一年）で七九個見つかっていますが、その中のビッグ4は一六一〇年にガリレオが発見した（第1章参照）もので、ガリレオ衛星とよばれています。ガリレオ衛星は内側から順にイオ、エウロパ、ガニメデ、カリストと名付けられていますが、これらは、ローマ神話の主神

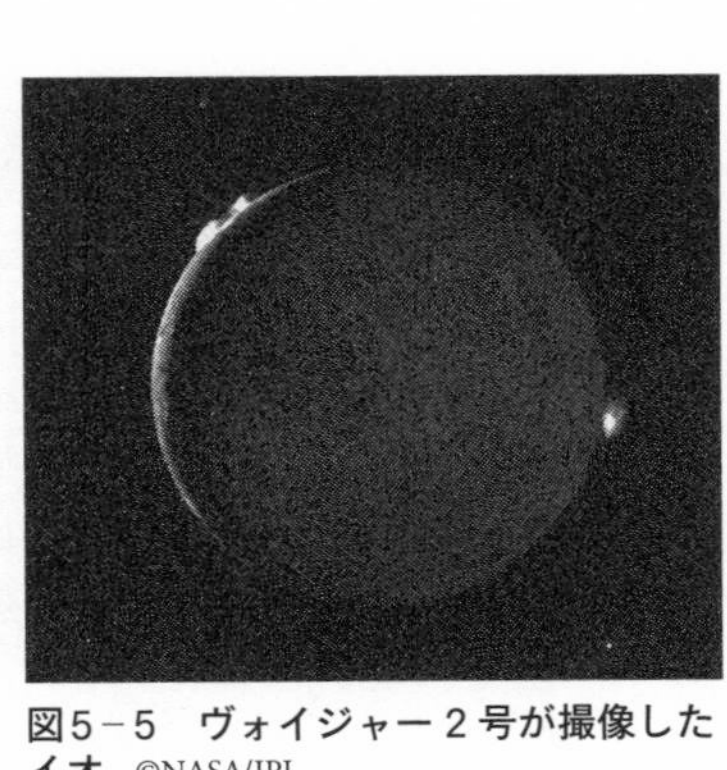

図5－5　ヴォイジャー2号が撮像したイオ　©NASA/JPL

ユピテル（木星の英語名、ジュピターの語源。ギリシャ神話ではゼウス）が愛した女性や少年の名前です。ヴォイジャー1号は一九七九年三月五日から六日にかけてほぼ一日で四つの衛星に近づき（フライバイ）、各衛星の画像を送信してきました。イオでは、火山活動があることが見つかりました。太陽系で火山活動が確認されているのは、地球の他、金星、土星の衛星エンケラドゥス、海王星の衛星トリトンと、このイオです。イオの火山から噴き出しているのはイオウですが、「イオの火山ではイオウが噴いている」というしゃれは、日本以外では通用しないので気をつけましょう。図5－5はヴォイジャー2号が撮像したイオであり、左上に二つ、右下

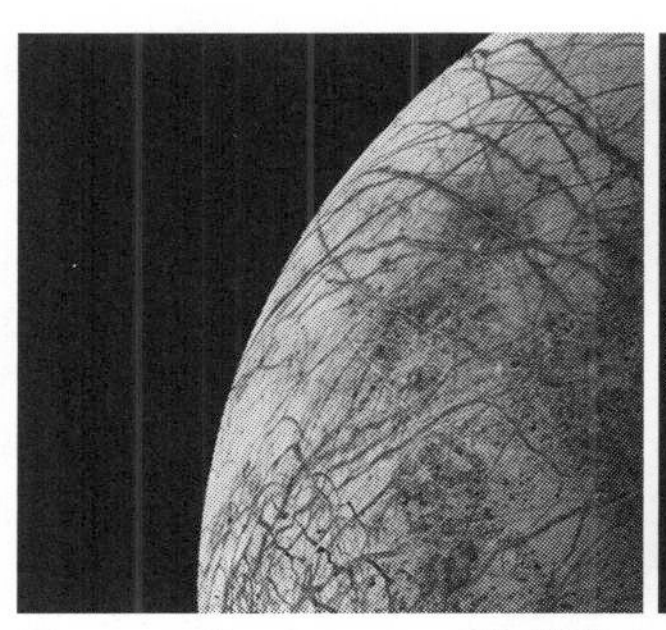

**図5－6　ヴォイジャー２号が撮像したエウロパとガニメデ** ©NASA/JPL

に一つの火山からの噴出がみえます。

ガリレオ衛星の残りの三つは、いずれも表面が水の氷で覆われていることは地上からの観測でわかっていました。ヴォイジャー1号が送信した映像の解像度はそれほど高くなかったのですが、氷で覆われた三つの衛星の表面が確認できました。約半年遅れで木星圏に到達したヴォイジャー2号は、一九七九年七月に木星およびガリレオ衛星などのフライバイを行いましたが、ヴォイジャー1号よりも高解像度の写真を送ってくれました（図5－6）。ヴォイジャー1号、2号は木星圏探査のあと、土星に向けて旅行を続けました。

### エウロパ表面の謎

図5－6のエウロパとガニメデの写真を見比べてみましょう。なお、カリストの画像は、ガニメデによく似ていました。右のガニメデの画像には白い点々が見えますが、これは隕石衝突によりできたクレーターであり、月や火星、さらに水星などの画像でもおなじみのものです。太陽系の天体は地球も

含めてその誕生以来、たび重なる隕石の爆撃を受けてきました。つまり、ガニメデの画像はヴォイジャーの訪問以前から予想されていたとおりのものでした。

左のエウロパのものは、ガニメデと雰囲気がかなり異なります。エウロパ表面は明らかに水の氷で覆われており、その点ではガニメデ・カリストと同じなのですが、クレーターがほとんど見られないのです。クレーターの代わりに目立つのが、マスクメロンのような縞模様です。なぜ、クレーターがなくて、代わりに縞模様があるのでしょうか。いくつかの可能性が考えられましたが、そのひとつが氷の下に液体の水が存在するというものでした。液体の水が縞模様の部分から噴き出せば、エウロパの表面に再び凍りつくため、エウロパの表面の氷は新しくできた氷で覆われます。このため、古い氷の表面にあったクレーターも覆い隠されてしまうでしょう。

エウロパなどの氷衛星の氷の下が融けているのでは、というアイディアは、一九七一年にジョン・ルイス（マサチューセッツ工科大学）が論文で提案していましたが、あくまでも物理的な可能性に過ぎませんでした。その後、一九七五年にはヴァチカンのガイ・コンソルマーニョ、一九七九年にはNASAのベントン・クラークといった科学者がエウロパの氷の下の海と、そこに生命が存在する可能性を発表しました。この一九七〇年代末は、地球の深海底での海底熱水噴出孔とその周辺の生態系の発見がなされた時期です。そして、一九八〇年にはリチャード・ホーグランド（一九四五〜　）が、一般向けの科学雑誌「スター・アンド・スカイ」でエウロパの氷の下の海と生命の可能性を解説しました。なお、ホーグランドは、NASAが宇宙人の情報を隠蔽しているという訴訟を起こしたり、火星に人面岩があると主張したりした、お騒がせ男として有名です。

ホーグランドの記事をSF作家アーサー・C・クラーク（一九一七〜二〇〇八）が読みました。クラークは、SF小説の金字塔で、スタンリー・キューブリックにより映画化もされた『二〇〇一年宇宙の旅』を一九六八年に刊行しましたが、その続編『二〇一〇年宇宙の旅』を一九八一年から執筆していました。そこにエウロパに生命が存在するかもしれないというアイディアを盛り込んだのです。前作『二〇〇一年宇宙の旅』で失踪したディスカバリー号を探しに、米国・ソ連の共同チームが木星に向かうのですが、これを出し抜く形で中国の木星探査機がエウロパに水の補給のために着陸します。すると、その氷の下から探査機の光に引き寄せられた大型生物が現れ、探査機を破壊してしまうのです。また、エピローグにおいては、コンピュータHALが地球人に向けて「エウロパ以外はすべてあなたたちのものだが、エウロパには決して着陸してはならない」というメッセージを発します。その後、木星が恒星ルシファーとなり、エウロパが温暖化してエウロパ生物は知的生物への進化が促進されます。クラークはエウロパ生物は、氷を通して海に差し込む光を利用する光合成生物を想定していました。また、この小説は『二〇一〇年』というタイトルで映画化されましたが、映画では中国の探査機がエウロパの生物に襲われるエピソードは扱われていません。

## 探査機ガリレオとハッブル宇宙望遠鏡による液体の水の確認

ヴォイジャーでエウロパの氷の下に液体の水がある可能性が示唆されましたが、これを確認することを目的のひとつに掲げ、一九八九年にＮＡＳＡは探査機ガリレオを打ち上げました。ヴォイジャーの時と異なり、木星と地球は離れていたため、六年ほどかけて一九九五年に木星に到達、プローブを木星の大気圏に突入させて木星本体の観測を行いましたが、探査機本体は木星やその衛星の観測を二〇〇三年まで継続しました。そしてエウロパへ接近したガリレオ探査機はヴォイジャー１号、２号よりも詳細な画像と、物理的探査結果を送ってくれました。

まずはガリレオ探査機が撮影したエウロパの画像（図５－７）ですが、多数の縞模様がくっきりと写っています。縞はリネア（ラテン語で線を意味する）とよばれ、それぞれが複数の線からなる複雑な構造をしています。また、表面の色は均一でなく、場所により褐色の部分があり、カオスとよばれます。次に物理探査の結果、エウロパの平均密度は３ｇ／㎤くらいであり、岩石と水（氷）からなるとすると水が全体の質量の一〇パーセント程度と推定されました。また、エウロパの磁場測定により、電気をとおす液体が氷の下に広く存在することも示唆されました。さらに赤外分光計によりエウロパの化学組成を調べたところ、表面の色の濃い部分には硫酸マグネシウムと思われる物質が存在することがわかりました。

以上のことをまとめると、エウロパの表面は水の氷で覆われていますが、氷の下には融けた水の層が存在し、かなり濃い塩を含んでいます。また、それがリニアから表面に噴出するため、リニアやカオス地形には色がついています。他の惑星・衛星同様、エウロパは隕石の爆撃を受けていますが、クレーターは氷の下から噴き出た水によって埋められたり、氷の下の水のクッションのために平坦化されたりして目立たなくなっているのでしょう。

エウロパは木星の衛星であり、あきらかに水が液体で存在しうる「ハビタブルゾーン」の外側に位置します（図5－2）。なぜ、エウロパの氷は融けているのでしょうか。その理由としてもっとも有力なのは、木星による潮汐力説です。

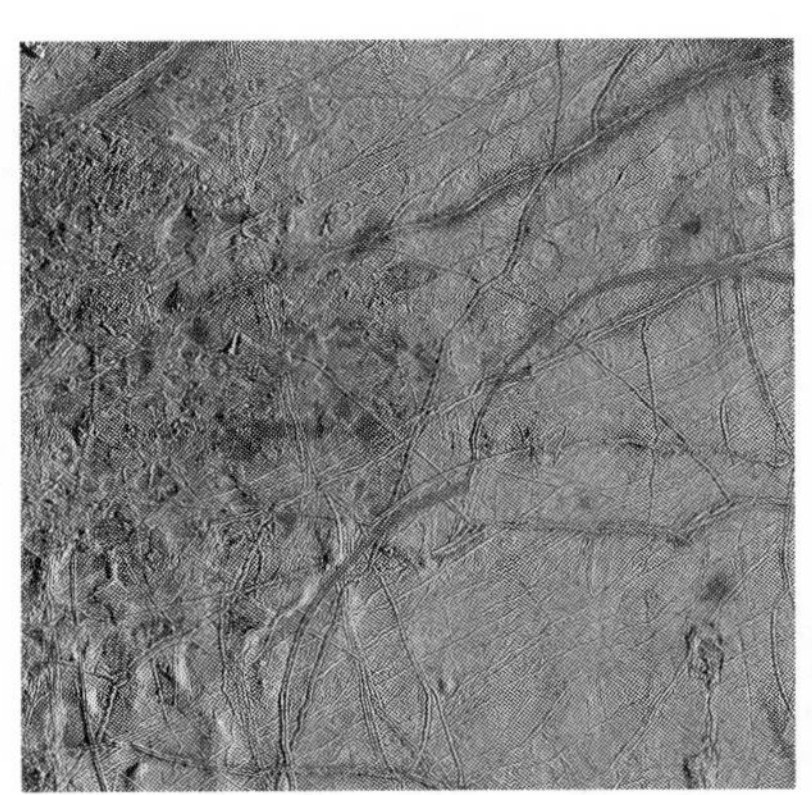

**図5－7　ガリレオ探査機が写したエウロパ表面**　©NASA/JPL-CALTECH/SETI Institute

潮汐力が目にみえるのは地球の満潮・干潮の時です。月の引力は地球に働きますが、その大きさは月に近いところには強く、遠いところには弱く働きます。海で月に近い部分は地球の重心部分よりも強い月からの重力を受けるため、地殻から盛り上がって満潮となります（図5－8、上A）。ちょうど裏側は、逆に地球の重心よりも月から受ける重力が弱いため、相対的に逆方向に引かれる形となり、やはり満潮になります（B）。九〇度ずれたC、D地点は下向きの力が働き、干潮になります。エウロパの場合は巨

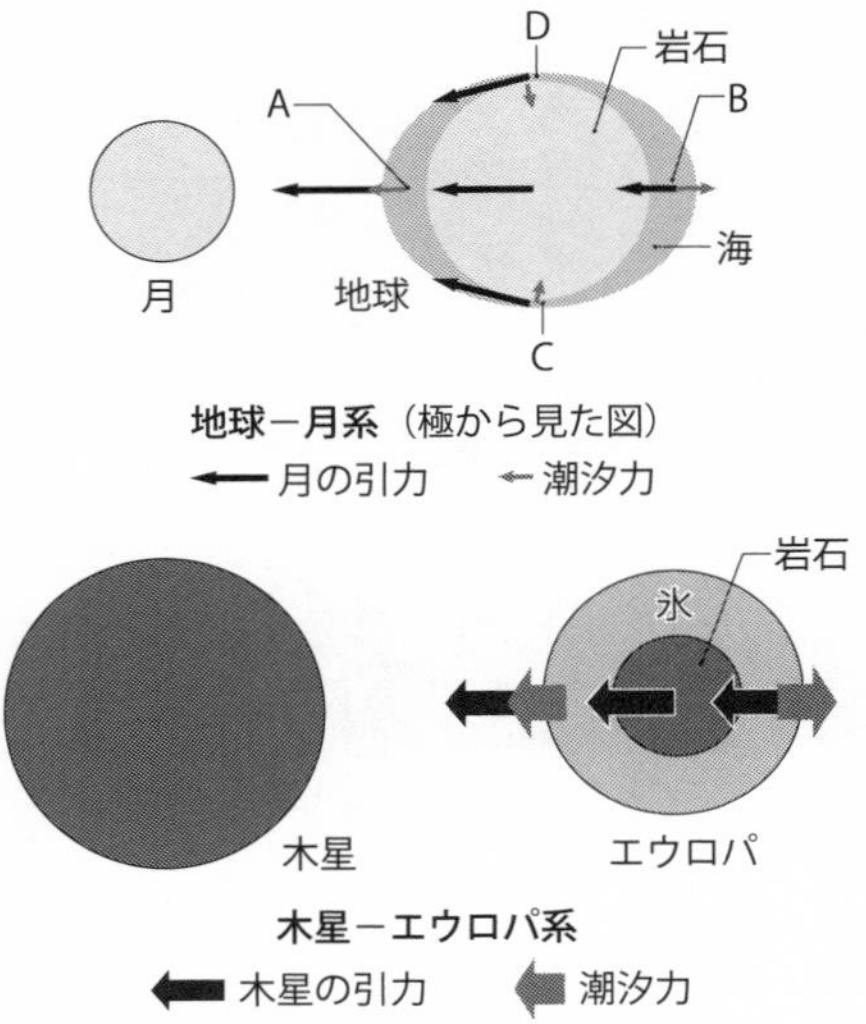

大な木星の重力を受けており、その強さは木星よりの氷と中央の岩石部分、木星から離れた氷部分で異なるため、その差が潮汐力として働きます（図5－8下）。これが熱を産み、氷を融かすことになるわけです。

エウロパに液体の水がある証拠は、その後、地球からの観測でも明らかになりました。二〇一三年、地球を周回するハッブル宇宙望遠鏡によりエウロパの観測が行われましたが、紫外線観測により、エウロパのリネアから液体の水が噴出している画像がえられ、エウロパに液体の水が存在することが直接確認されました。さらに、二〇一九年には米国のグループが同じハッブル宇宙望遠鏡を用いて、食塩（塩化ナトリウム）が放射線を受けた時に示すものと考えられる可視光のスペクトルを観測しました。このことは、エウロパの海は地球のものと同様に食塩を含むことを示唆し、さらにはエウロパの海底で食塩を大量に水に溶かせるだけの活発な熱水活動が起きている可能性も考えられました。



図5－8　潮汐力

## 氷の下の生物圏？

エウロパの直径は約三二〇〇キロメートルで、地球の約半分です。エウロパの氷の厚さはまだよくわかっていませんが、薄い氷のモデルでも数キロメートル、厚い氷のモデルだと一〇〇キロメートルくらいになります。このため、太陽光は氷の下まではとても届きそうにもありません。その下の液体の海の体積は厚い氷のモデルを採用しても地球の海の体積を凌駕します。エウロパの表面温度は平均でマイナス一六〇℃と極寒です。氷の下の海水の温度は高い圧力や塩の存在により凝固点が下がるため、氷点下の温度でしょう。液体の水があるとはいっても、そのような暗く寒い世界に生物が生存できるのでしょうか。

まずは、暗いという点。これは、本章ですでに見てきたように、地球でも海底熱水噴出孔の周辺では化学合成細菌による有機物生成に依存した多様な生物圏が存在することがすでにわかっています。ここは二℃くらいから海底地下の一〇〇℃を少し超すくらいの温度範囲です。次は寒いという点。細菌などの単細胞生物の多くは、通常、極低温でも休眠状態で生存可能であり、例えば実験で用いる微生物は超低温の冷凍庫や液体窒素中で保管されます。むしろ〇℃前後で凍結・融解を繰り返すような環境の方が微生物たちにとっては致命的なようです。生物が氷点下でも活動するためには、細胞内の水が凍結せずに液体状態に保たれる必要があります。そのため、極域の海に生息する魚などはグリセロールのように不凍液として働く物質を細胞内に供給することによって氷点下でも活動できます。エウロパの海水温は不明ですが、高圧下の濃い塩水の凝固点（零下数℃）から数℃の間と試算されています。少なくともある種の地球生物にとって、寒すぎることはなさそうです。

　地球上にもエウロパを彷彿とさせる環境がありました。それは南極の地底湖です。南極は氷に覆われた大陸ですが、その氷の下に四〇〇個ほどの湖が存在することがわかってきました。その代表格が、ロシアの南極ヴォストーク基地の真下に位置するヴォストーク湖です。ヴォストーク湖はレーダー観測によりその存在が明らかになり、そのサイズは琵琶湖の二〇倍くらいです。四キロメートルほどの厚さの氷に覆われた淡水湖で水温はマイナス四℃くらいのはずですが、高圧により凝固点が下がるため液体の状態を保っています。極寒の南極で氷が融けている理由はまだ解明されてはいませんが、地熱や放射線による加熱などが候補にあがっています。

　このヴォストーク湖を調べるため、一九八九年からロシアのチームが地表からの掘削にとりかかりました。円形のドリルで掘るため、円筒状の氷がくりぬかれます。これをコア試料とよびます。一九九八年には地表から三六二三メートルのところまで掘り進み、採取されたコア試料を分析したところ、最深部は四二万年前にできた氷でした。もう少し掘り進めれば湖水面に到達する深さでしたが、ここで掘削はいったん休止されました。理由は、ヴォストーク湖は地表世界と一五〇〇万年～二五〇〇万年間隔絶されており、ガラパゴス諸島のように独自の生物進化をした生物圏が存在する可能性があって、掘削により地表の微生物が湖水に持ち込まれてしまうとそれが壊されてしまうおそれがあったためです。五年の中断の後、二〇〇三年から地表からの微生物混入を少なくする工夫をしながら掘削が再開され、二〇一二年についに地表から三七六九メートルの湖面に到達しました。湖水が掘削孔を通って上昇し、凍結したものを取り出して分析した結果、ロシアチームは新種の微生物の遺伝子を発見したと報告しました。この結果に対し、地表からの混入を疑う意見もあり、まだ評価は定まっていません。

一方、米国を中心としたチームはより小さな南極の氷底湖であるヴィダ湖の掘削を行いました。これは地表から二七メートル下にある塩水湖で、地表の生態系とは三〇〇〇年間隔絶されてきました。塩分濃度が高いと凝固点が下がるため、ここの水温はマイナス一三℃と淡水湖のヴォストーク湖よりも低くなります。二〇〇五年と二〇一〇年に行われた掘削により得られた試料からは種々の微生物が確認されたと報告されました。当然ながらこの湖水中で光合成はできませんので、湖水中の微量の有機物を用いる従属栄養生物か、化学合成によって生き抜いている生物群が存在すると考えられます。

第3章で述べた全球凍結時代には地球全体がエウロパ化したといえます。気候の急減な寒冷化と、氷に覆われることによる光合成生物の壊滅的な減少で地球生物圏は危機に瀕したでしょうが、地球生命は絶滅することにはならず、生きのびた生物たちがいました。

以上で述べた地球での事例からも、エウロパの氷の下に生物が生活できないとはとても言えません。また、もしエウロパで生物が誕生したのだとすると、地球生物の誕生にとって陸が不可欠とする見方（第3章）は再検討を要するでしょう。

## 土星の衛星エンケラドゥス

エウロパにつづく太陽系第二のウォーターワールド発見は劇的でした。一九九七年に米欧共同で土星探査機が打ち上げられましたが、それは土星の四つの衛星を発見したジャン＝ドミニク・カッシーニ（一六二五〜一七一二）の名前をとり、カッシーニと名づけられました。カッシーニはおよそ七年間の飛行の後、二〇〇四年六月に土星に到達し、土星やその衛星たちの探査をつづけました。土星には現在八〇個以上の衛星が見つかっています。本家カッシーニは土星の四つの衛星（イアペトゥス・レア・ディオネ・テティス）と土星の輪の空隙（カッシーニの空隙）を見つけましたが、探査機カッシーニも負けじとダフニスなど六つの衛星を発見しました。二〇〇五年一月、カッシーニは土星最大の衛星タイタンに接近、着陸機ホイヘンスをタイタンに着陸させせました。このタイタンの探査については第6章で詳しく述べましょう。

カッシーニは、タイタンの第一回の訪問の後にエンケラドゥス（英語ではエンセラダス）（図5-9）に向かいました。エンケラドゥスは一七八九年にウィリアム・ハーシェル（一七三八〜一八二二）により発見された直径約五〇〇キロメートルの衛星で、土星の衛星としては六番目の大きさです。土星の輪はいくつかに分かれていますが、主要なものは内側からD環、C環、B環、A環、F環、G環、E環と名付けられています。エンケラドゥスはその最も外側のE環

©NASA/JPL-Caltech

©NASA/JPL/Space Science Institute

**図5－9　土星の衛星エンケラドゥス**

の中を公転しています。一九八一年ヴォイジャー2号はエンケラドゥスの写真を送ってきましたが、その表面はエウロパなどと同様、水の氷に覆われ、太陽系天体の中で最大の反射率（アルベド）を示すこと、つまり一番白いことがわかりました。まるで新雪に覆われた白銀の世界です。このことからエンケラドゥスが土星のE環の材料を供給し、それがまたエンケラドゥスの表面に降り積もっている可能性が考えられました。カッシーニのエンケラドゥス探訪はこの謎に何らかのヒントを与えてくれるのでは、という期待のもとに行われました。

二〇〇五年二月に最初にエンケラドゥスに接近した時は特にめぼしいものは発見されませんでした。しかし、三月と四月に再度五〇〇キロメートルくらいまで接近したとき、まず、磁力計が反応しました。何かがあるらしい。そこで、七月にはさらに近く、一七五キロメートルくらいまで接近しました。このときは、さらに質量分析計や赤外分光計などさまざまな装置が興味深いシグナルを検知しました。カッシーニはエンケラドゥスの南極近くに虎の縞（タイガーストライプ）と名づけられた縞模様があること（図5－9左）、その領域は赤道付近よりも温度が高いこと、そしてエンケラドゥスから宇宙に向けて様々な物質が噴き出していることを見つけました。さらに、虎の縞からプルーム（水煙）が噴き出していることも確認されました（図5－9右）。

カッシーニ計画はもともとは二〇〇五年で終了するはずでしたが、土星や土星衛星に関する大発見がつづいたため、最終的には二〇一七年まで大幅に延長されました。その間、エンケラドゥス観測は継続され、二〇〇八年には五〇キロメートルまで接近し、エンケラドゥスから噴き出すプルームの化学分析を行いました。その結果、エンケラドゥスからは水の他、有機物を含む様々な気体成分、食塩などの塩類やシリカの小さい粒が噴き出していることがわかりました。

水が氷の割れ目から噴き出しているのが確認されたのはエンケラドゥスが最初でした。これは氷の下に液体の水が存在する動かぬ証拠です。さらに、有機物も確認されたことから、エンケラドゥスは現在も生命が存在する可能性に関していえば、火星やエウロパをもしのぐ天体といえるでしょう。エウロパの場合、有機物がまだ検出されていないのに対し、エンケラドゥスは、プルーム中に分子量一〇〇を超すような大きい有機物の存在が確認されているのです。また、シリカの小さい粒が存在することは、エンケラドゥスの海底に少なくとも一〇〇℃以上の熱水活動が存在することを意味します。観測データからエンケラドゥスの内部海は南極域など限られたものとも当初は考えられましたが、その後のカッシーニの観測結果から、海が衛星全体に広がっている可能性が高いとされています。

## ウォーターワールドクラブの仲間たち

前に、ガリレオ衛星の中でエウロパがガニメデやカリストと異なり、氷の表面にクレーターが少ないことがエウロパに内部海が存在する根拠だと述べました。その後の探査で、エウロパに内部海が存在することが確信されるようになりました。そしてさらに土星衛星のエンケラドゥスの内部海の存在も疑いようがなくなりました。氷衛星の内部に液体の水が存在するのはそれほど珍しいことではないのではないのかもしれません。そこで、これまでのガリレオ探査機のデータなどを洗い直す研究が進められました。

そこでまず浮上してきたのが、ガニメデです。ガニメデはその直径が約五三〇〇キロメートルと木星系のみならず太陽系の衛星中で最大であり、惑星の水星（直径約四九〇〇キロメートル）よりも大きいのです。また、磁場を持っており、地球のように衛星中心の核が融けていると考えられています。この磁場のため、ガニメデにはオーロラが観測されますが、二〇一五年に地球を周回するハッブル宇宙望遠鏡によってこのオーロラを観測したところ、ガニメデにも内部海が存在する可能性が報告されました。さらに同年、過去のガリレオ探査機によるオーロラ観測結果も再検証され、内部に厚さ一〇〇キロメートルにもおよぶ伝導性の液体、すなわち塩水が存在することがより確実視されるようになりました。ガニメデの海の深さは地球の一〇

©NASA/JPL-Caltech/UCLA/MPS/DLR/IDA/Justin Cowart

© NASA/JPL-Caltech/UCLA/MPS/DLR/IDA/PSI

**図5－10　準惑星ケレスとそのオッカトルクレーター**

倍にものぼることになります。さらに、ガニメデの外側をまわるカリスト（直径約四八〇〇キロメートル）にも内部海が存在する可能性が指摘されています。

次に内部海の存在がわかったのが、小惑星帯に位置する準惑星のひとつ、ケレス（英語名セレス）です（図5－10左）。準惑星というのは、二〇〇六年に国際天文学連合で提案された新しい太陽系天体のカテゴリーです。太陽系の惑星は一九三〇年に米国人クライド・トンボーにより冥王星が発見されて以来、九個とされてきましたが、その後、冥王星に匹敵するサイズの天体がいくつか発見され、太陽系惑星の数を増やす案が二〇〇六年にまず検討されました。しかし、将来的に冥王星よりも外側のエッジワース・カイパーベルトとよばれる領域には冥王星級のサイズの天体が次々と発見される可能性が高く、そのたびに惑星数を見直すよりはむしろ、冥王星並みの天体を惑星から除くべきという意見が強くなりました。そこで、冥王星（直径二三七〇キロメートル）とケレス

（直径九四五キロメートル）、さらにエッジワース・カイパーベルトで発見された天体エリス（直径約二三〇〇キロメートル）が準惑星とされた経緯があります。

二〇一四年、ハーシェル宇宙天文台（運用は二〇〇九年～二〇一三年）での赤外線を用いたケレスの観測により、水蒸気を含むプルームが存在していることが報告されました。さらに二〇〇七年に打ち上げられたNASAの小惑星探査機ドーンは小惑星ベスタを訪れた後、二〇一五年にケレスに到着して観測を行いました。従来からケレスには明るく光る謎の部分があることが知られていましたが、ドーンの観測によりオッカトルクレーターとよばれるところに炭酸ナトリウムか硫酸マグネシウムの塩が存在することがわかりました（図5－10右、中心の白い部分が塩）。これらのことから、ケレスの地下には高濃度の塩水が液体として存在しており、それが噴出することがわかりました。

このほか、液体の水の存在はまだ直接確認されてはいませんが、存在する可能性が考えられている天体としては、木星の衛星のカリストのほか、土星の衛星のタイタンとミマス、海王星の衛星のトリトン、さらに準惑星の冥王星の五天体があげられます。地球と火星のような陸地をもつ惑星を別格とすると、現在、水が存在する可能性が高いのはケレス、エウロパ、ガニメデ、エンケラドゥスの四天体、これに可能性が考えられる五天体を加えるとこの太陽系だけでもウォーターワールドクラブ会員は九天体となり、野球チームが組める数です。タイタンに関しては次章で改めて詳しく取り上げましょう。

地下海の存在は、稀なものでないことがわかりました。彗星ですら、一時的に液体の水が生じた可能性も指摘されています。さらには、恒星系に属さない一匹狼の惑星を「自由浮遊惑星」といい、そのような惑星も見つかっていますが、そのような惑星すら、内部、さらにはその表面に液体の水を持つ可能性があると言われています。表面に液体の水をもつ天体のみをハビタブルとした場合の「古典的ハビタブルゾーン」は極めて狭いものでしたが、地下海をもつウォーターワールドをハビタブルと考えるならば、新たな「拡張ハビタブルゾーン」は極めて広いものと考えてよさそうです。

## 今後のウォーターワールド探査

火星と較べて木星や土星はかなり遠いため、NASAでさえもそうたびたびは木星・土星探査はできません。一九七〇年代のヴォイジャー計画は一七五年に一度というチャンスで木星・土星・天王星・海王星を次々と訪問できた稀なケースでしたが、そのようなチャンスはなかなかないため、木星系、土星系どちらかに絞って探査することが多くなります。一九八九年打ち上げのガリレオ計画（木星系）、一九九七年打ち上げのカッシーニ計画（土星系）と約一〇年毎に外惑星の探査が行われました。次は木星か土星かということで、NASA／ESA共同のEJSM（エウロパ・木星系ミッション）、ESAのTSSM（タイタン・土星系ミッション）などいくつかの計画が立案されましたが、NASAもESAも最終的には二〇二〇年代に木星系探査を先行させることになりました。

ＥＳＡが立案し、ＪＡＸＡなどが協力する形で準備中なのが、ＪＵＩＣＥ計画です。ＪＵＩＣＥというのはJUpiter ICy moons Explorerの略語であることからもわかるように、木星および氷で覆われた木星衛星を探査するものです。ここでの氷衛星には、エウロパも含まれていますが、探査の主な対象はガニメデです。二〇二二年にＥＳＡのアリアン５ロケットで打ち上げ、二〇二九年に木星系に到達、カリストやエウロパを訪問（フライバイ）した後に二〇三二年に探査機はガニメデ周回軌道に入り、ガニメデを重点的に調べることになっています。同じウォーターワールドでもエウロパの方がガニメデよりもより生命存在の可能性が高いのに、なぜエウロパを周回しないのでしょうか。これはエウロパの方が木星に近いため、木星の磁場に捕らえられた荷電粒子の影響で、極めて放射線量が高いためです。エウロパ表面での放射線強度は一日で人間の致死量となるほどであり、エウロパ探査のためには探査機はそれに耐えるように作る必要があるのです。

そのエウロパへの探査ですが、ＮＡＳＡはエウロパ・クリッパー計画を二〇一九年にフェーズＣ（最終デザイン段階）にまで進めました。現時点ではＪＵＩＣＥ計画より若干遅い、二〇二四年までの打ち上げを計画しています。名前どおり、エウロパ探査が中心ですが、やはりエウロパ周回軌道をとることはせず、ＪＵＩＣＥの二〇倍以上の四〇回を超えるフライバイが予定されています。エウロパの氷は厚く、現状ではとても掘削などはできないでしょう。カッシーニ探査機がエンケラドゥスでやったような、フライバイ時のプルーム、もしくは薄い大気の分析により、これまでほとんど確認されてこなかった有機物が検出されることが期待されます。また、地下海に有機物が存在するならば、それはエウロパの縞からにじみ出てきているはずです。その分析も期待されます。

有機物分析ではエウロパよりも一歩先行しているエンケラドゥスですが、その次のステップとしては、サンプルリターンが考えられます。とはいっても、エウロパ同様、表面の氷を割ったりすることは困難です。そこで、注目されるのはエンケラドゥスから噴き出しているプルームです。これならば、フライバイで採取することが可能で、日米の研究者はすでにそのような可能性の検討に入っています。小天体からサンプルを集めることについては、はやぶさが二〇一〇年に小惑星イトカワから、はやぶさ2が二〇二〇年に小惑星リュウグウから試料を持ち帰ったことで日本に実績があります。JAXA宇宙科学研究所の矢野創らは、非常に低密度のシリカエアロゲルを用い、国際宇宙ステーション（高度四〇〇キロメートルを周回）付近に飛来する塵を捕集しています（たんぽぽ計画、第8章参照）。同様なものを用いれば、高速でエンケラドゥスを通過する折りに縞から噴き出したプルーム中に含まれる塵を捕集できるはずです。これまで遠隔的に分析されていたエンケラドゥスの物質が地球に持ち帰られ、最新鋭の装置で分析できれば、エンケラドゥスに生命が存在する証拠が見つかるかもしれません。期待しましょう。

# 第６章
# タイタン
## 生命概念の試金石

## 土星最大の衛星タイタン

タイタン（ラテン語読みではティタン、図6－1）は直径五一五〇キロメートル、土星系では最大の衛星です。太陽系の中でも木星の衛星ガニメデに次ぐ二番目の大きさで、惑星の水星よりも大きいのです。その発見は一六五五年にオランダの天文学者クリスチャン・ホイヘンス（一六二九～一六九五）によるもので、ガリレオによる木星の四大衛星（ガリレオ衛星）の発見の四五年後です。当初、タイタンはガニメデよりも大きいと考えられていました。これはガニメデが非常に薄い大気しか持たないのに対し、タイタンが濃い大気を持っており、ふくらんで見えたからです。太陽系では、濃い大気をもつ惑星はいくつかありますが、濃い大気を持つ「衛星」はタイタンのみです。大気の組成については、一九四四年にオランダ生まれの天文学者ジェラルド・カイパー（一九〇五～一九七三）が地上からの観測によりメタン（$CH_4$）が含まれていることを見つけました。メタンは木星や土星の大気にも含まれています。その後の観測によりタイタンの大気中に靄（もや）が存在することもわかりました。

タイタンの大気についてより詳細にわかったのは、前章でも紹介した、NASAが一九七七年に打ち上げたヴォイジャー1号によってです。木星系を探査したヴォイジャー1号および2号は次に土星系をめざし、一九八〇年に1号が、続いて一九八一年には2号が土星系に到達し、まずは土星本体を観測しました。その後、衛星たちの観測も行い、アトラス、パンドラ、プロメテウスという三つの新しい衛星を発見しました。なによりもヴォイジャーの土星系探査のハイライトはタイタン探査でした。ヴォイジャー1号は一九八〇年一一月にタイタン表面から三九一五キロメートルまで接近し、搭載していた分光装置でタイタンの大気を観測しました。この観測により、タイタン大気にはメタンの他、エタン（$C_2H_6$）などの他の有機物、そして窒素分子が検出されましたが、この窒素分子こそタイタン大気の主成分だということがわかりました。さらに靄を含む濃い大気を通してタイタン地表の観測も行ったところ、表面温度が九四ケルビン（マイナス一七九℃）、表面での大気圧が一・四七気圧もあることがわかりました。窒素分子を主成分とする濃い大気を持つ天体は太陽系では地球とタイタンのみです（海王星の衛星のトリトンや準惑星の冥王星は窒素分子を主成分とする大気を持っていますが、非常に薄いものです）。

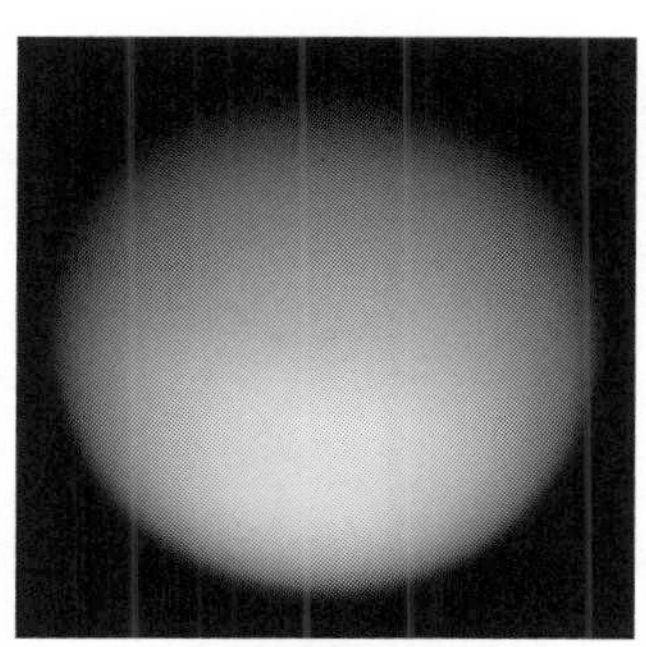

**図6－1　土星の衛星タイタン**（探査機カッシーニにより撮影）
© NASA/JPL/Space Science Institute

ヴォイジャー1号のタイタン観測が成功したため、そのバックアップに控えていたヴォイジャー2号は追加の予算措置を受け、安心して次の目的地の天王星に向けて旅立っていきました。

## タイタン表面に海？

タイタンは厚い靄を含む大気で覆われているため、ヴォイジャー1号はタイタンの表面を直接見ることはできませんでした。しかし、分光観測などから、タイタンが極めてユニークな天体であることがわかり、その大気や表面について議論が巻き起こりました。タイタンの地表温度のマイナス一七九℃というのは、タイタン大気に含まれているメタンが凍りつく温度よりも高く、気体になる温度よりも低いのです。ということは、タイタン表面でメタンが液体になっている可能性が考えられます。タイタンには液体メタンでできた海が存在するのではないでしょうか。そして液体が存在するならば、タイタン大気中に様々な有機物も存在することから、生命が存在する可能性も考えられるのではないでしょうか。

私が生命の起源の研究を始めたのは、ちょうどヴォイジャー1号が土星を探査した直後の一九八二年、米国東海岸のメリーランド大学の研究員としてでした。NASAからメリーランド大学に移ったシリル・ポナムペルマ（一九二三～一九九四）が主宰する化学進化研究所は地球化学・惑星化学・有機化学・生化学の四つの研究室からなり、私は惑星化学研究室に所属することになりました。最初のテーマはタイタン型大気（メタン＋窒素分子）からアミノ酸や核酸塩基ができるかどうかを調べることでした。メタンと窒素の組み合わせですと、紫外線などではアミノ酸は生成できませんが、窒素分子をこわすことができる放電などを用いた場合、アミノ酸や核酸塩基が十分に生成可能であることがわかりました。もし、大気中でできた生命のもとになる分子が「海」に集められれば、さらなる化学進化がおきることが十分に考えられます。たとえそれが水の海でなくても。

## タイタン表面の湖

タイタンに本当に海があるのでしょうか。タイタンの生命の可能性を探ることを主目的のひとつに掲げ、一九九七年にフロリダのケープカナベラルからカッシーニ探査機が打ち上げられました。この探査計画の大きな特徴は、NASAとESAががっちりとタッグを組んだことです。ESAが分担したのはタイタン着陸機「ホイヘンス」で、これがカッシーニに搭載されました。このため、この探査はしばしばカッシーニ・ホイヘンス計画とよばれています。

カッシーニ探査機は七年近く飛び続け、二〇〇四年六月に土星軌道に到達、その後、いくつかの新衛星を発見した後、一二月にはタイタンに向かいました。一二月二五日にホイヘンスはカッシーニから切り離され、翌二〇〇五年一月一四日にタイタン地表を目指して降下を開始しましたが、「海」は見つかりませんでした。その代わりに川が流れたような跡（図6－2）や、海岸線のような地形などの写真が送られてきました。大気中には靄が立ちこめていましたが、搭載した質量分析計でこれを分析しますと、複雑な有機物でできていることがわかりました。

そしてホイヘンスは地表に着陸。着陸地点が海の場合も想定されており、対策も準備されていましたが、それは杞憂で、降り立ったのは硬い地面の上でした。その時に撮影した画像が図6－3です。画面はぼやけたオレンジ色の色調で、地平線はかすんでおり、スモッグがたちこめたような感じがします。目をひくのは石ころのようなものがごろごろと転がっていることです。地球の河原のような場所にもみえます。実は、タイタンの地表は水の氷で覆われていることがわかっていましたので、石ころのように転がっているのは氷のかけらのようです。さらに、その角が取れていることから、これらの氷のかけらはぶつかりあったと推定されました。地球の石でしたら、川で流される時に丸くなります。つまり、これらの氷は川に流された可能性が考えられるのです。その川はメタンなどの炭化水素でできたものでしょう。実際にホイヘンスが着陸した時、大気中のメタン濃度の上昇が観測されました。

ホイヘンスを切り離したカッシーニは、引き続き上空からタイタンの観測を続けました。南極地域に色が濃い場所が見つかり、湖ではないかと期待されました。また、北極地域でも湖と思われるような地形が見つかりました。そして二〇〇七年一月には、研究チームは液体メタンをたたえた湖が存在する動かぬ証拠を見つけたと発表しました。その後もいくつかの湖が極地域に発見され、クラーケン海、リゲイア海などと名付けられました。十和田湖と名付けられた小さい湖もあります。クラーケン海は現在知られているタイタン最大の湖であり、面積は四〇万平方キロメートルでアメリカの五大湖をあわせたよりも大きいのです。いずれの湖も液体メタン・エタンなどの炭化水素でできていますが、組成はそれぞれ微妙に異なり、多くの湖はメタンよりも蒸発しにくいエタンを多く含んでいるのに対し、二番目に大きいリゲイア海はエタンがほとんど含まれていません。タイタンでは、メタンの雲や霧、雨も観測されており、リゲイア海は雨水（雨メタン？）をたたえた淡水湖のようなものかもしれません。カッシーニ・ホイヘンス探査の結果をもとにタイタンの大気圏の構造は図6－4のようだと考えられています。

タイタン表面温度から考えますと地表に液体の水が存在するのは不可能ですが、地下はどうでしょうか。カッシーニによるレーダー探査で、タイタン表面に火山のような地形が見つかりました。火山というと、ふつうは熱いマグマの噴出が考えられますが、外惑星の氷衛星に見つかっている火山からは氷が融けたものが噴出していると考えられ「氷火山」と呼ばれています。

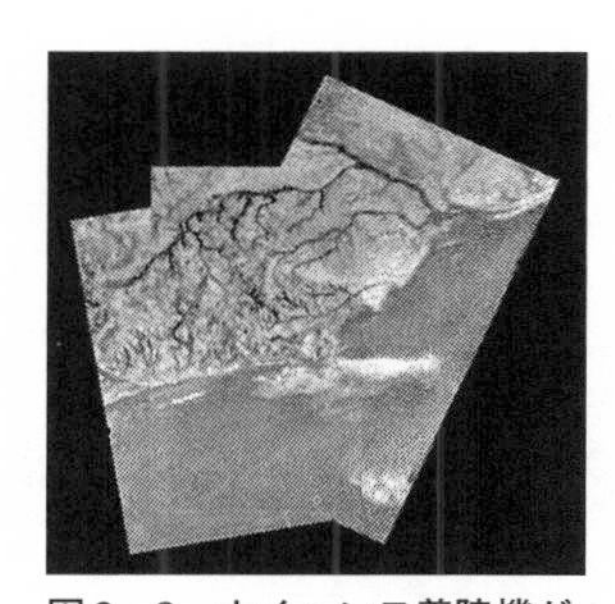

**図6－2　ホイヘンス着陸機が高度6.5kmから撮影したタイタンの「流路」**
©ESA/NASA/JPL/アリゾナ大学

**図6－3　タイタンの表面**（ホイヘンス着陸機により撮影）
©NASA/ESA/アリゾナ大学

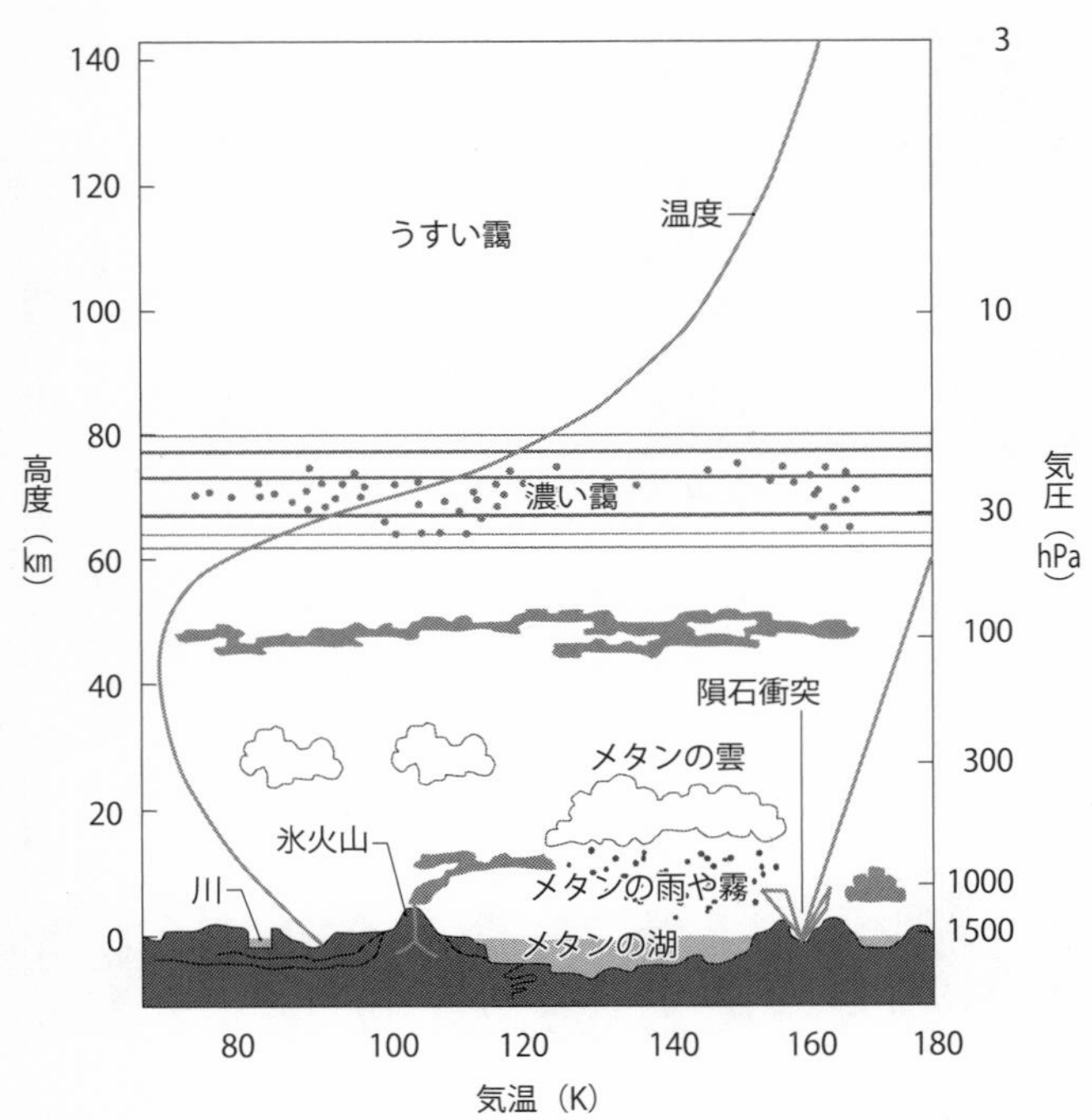


**図6－4　タイタンの大気圏**（NASAのホームページの図をもとに作成）

タイタンのものはアンモニア水が噴き出していると推定されています。タイタンの表面温度はマイナス一七九℃と極低温ですが、地下はもう少し暖かいはずです。アンモニアの融点はマイナス七八℃ですが、アンモニアと水との混合物（アンモニア水）はさらに低くなり、三五パーセントのアンモニア水だとマイナス九一・五℃まで下がります。このため、タイタンの地下には液体のアンモニア水からなる地下海が存在する可能性も議論されています。

## タイタン大気中の複雑な有機物、ソーリン

生命の存在を考える時にまずは生命分子の活動の場としての液体（特に水）の存在が重要であること、そしてその条件にあてはまる太陽系天体は意外に多いことを第5章で述べました。その条件を満たした上で、次に問題になるのが有機物の有無です。エンケラドゥスは氷の割れ目から噴出するプルーム中にさまざまな有機物が検出され、「水・有機物・エネルギー」の生命存続の三要素を満たしている点で注目されていますが、有機物に限っていえば、タイタンが豊かなことは他のウォーターワールド天体の中で群を抜いています。大気中に比較的多く存在するメタンからは炭素二個のアセチレンやエタン、炭素三個のプロパンなどのさまざまな炭化水素が生成することは容易に予想できます。ヴォイジャー探査機による上空からの赤外分析でもそれらは確認されていました。また窒素とメタンからはシアン化水素（HCN）などのシアン化合物が生成することが期待され、実際に検出されていました。では、それよりももっと複雑な有機物、さらにはアミノ酸などの生命の基となりうる有機物は存在するのでしょうか。ヴォイジャー探査の後、多くの研究グループが模擬タイタン大気を用いた実験を行いました。

タイタン大気には様々なエネルギーが降り注いでいます。太陽からの紫外線、宇宙線、隕石衝突のエネルギー。これらは、原始地球での有機物の生成を考えたとき（第2章）におなじみのものです。さらに、土星の強い磁場により大量の電子が土星の周囲に捕まっていますが、タ

**図6－5　タイタン高層大気を模したプラズマ放電実験**（河合純博士提供）

イタンは土星のまわりを公転する時にちょうどその電子の集まりの中を通るため、タイタンからみると宇宙から電子が降ってくるようにみえます。この電子の動きは高層大気中でプラズマ放電を起こし、化学反応のエネルギーとなります。

地球外生命探査の分野で早くから世界を牽引してきた米国コーネル大学のカール・セーガン（一九三四～一九九六）は、同僚のビシュン・カレー（一九三三～二〇一三）らとともに、プラズマ放電装置（図6－5）を用いて宇宙の様々な環境下での有機物生成を研究していました。また、ヴォイジャー計画にも中心的研究者として参加し、その結果、タイタンが窒素・メタンを主とする大気を有すること、様々な有機物や靄が存在することが判明すると、タイタン大気をモデルとした実験を多数行いました。タイタンの高層大気を模した低圧の窒素・メタンの混合気体をプラズマ放電発生装置に導入すると、放電エネルギーにより複雑な反応が起き、褐色の有機物が基板にくっつきました。セーガンらは、この物質を「ソーリン」と名付けました。ソーリンとは古代ギリシャ語に由来し、泥のようなといった意味です。ソーリンに酸を加えて加熱するとアミノ酸の生成も確認されました。セーガンの死後、カレーはカリフォルニアのNASAの研究所に移りましたが、私たちはカレーと協力して生成物の分析を行い、核酸塩基なども生成していることを見つけました。

エネルギーの総量からいえば、太陽から遠いとはいえ、依然として太陽からの紫外線は最大のものであるため、紫外線を使った実験も世界中の様々な研究室で行われました。メタンからは、より複雑な炭化水素の生成が確認されました。ただ、紫外線だけでは、大気の主成分である窒素を反応させることはできません。上空で紫外線と放電でできた有機物がさらに反応しながらタイタン表面に降下していき、もやの材料になっていく、というのが多くの研究者たちの考えです。

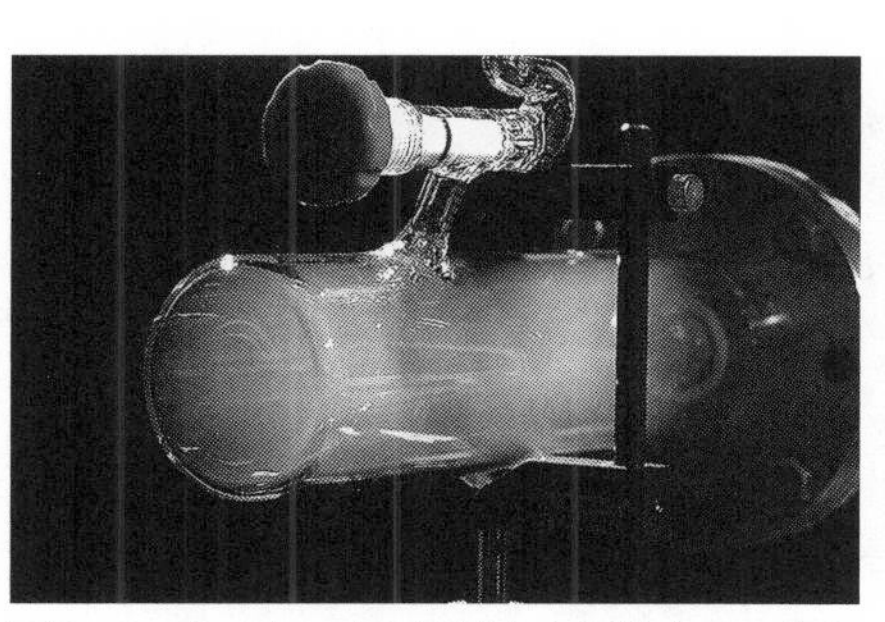

**図6－6　タイタン大気を模した気体中でのもやの生成**

私は原始地球でも宇宙線が化学進化の重要なエネルギーだったのでは、と考えています（第2章）。タイタンでも同様だったとしますと、タイタンの濃厚な下層大気（対流圏）中でも宇宙線による複雑な有機物が生成し、これが靄となるのではと考えました。約一気圧の窒素・メタンの混合気体に宇宙線を模擬した高エネルギーの陽子を照射すると、透明だった混合気体の中で靄（ソーリン）が生じました（図6－6）。このもやは容器の器壁にくっつきますが、これを回収して分析すると、分子量数百の極めて複雑な有機物が生じていること、さらに酸を加えて加熱すると多種類のアミノ酸が生成することもわかりました。

着陸機ホイヘンスはタイタン表面へ降下中に、大気中の靄を採取して、熱をかけて分解して分析しました。その時に得られた物質の特徴と、陽子線照射によって合成したソーリンを熱分解した時の特徴はよく似ていました。これらのことから、タイタン大気中にはアミノ酸のもとになる複雑な有機物や核酸塩基のような生命に関連する有機物が存在している可能性が考えられます。

## 地下のアンモニア水中の生物――タイタンの生命（1）

前章までは、液体の水の存否を生命存在の必要条件としてきました。それは、生命が代謝などの化学反応を行う時、反応をコントロールするためには液体中が最も適していること、地球で代表的な液体が水であることなどからです。生命が液体に依存しているとしますと、水以外の液体を溶媒とする生命の可能性を除外していいものでしょうか。その意味で水の代わりになるのに比較的敷居が低いのはアンモニアです。アンモニア（$NH_3$）は窒素に三個水素がついた分子で、酸素に二個水素がついた水（$H_2O$）と共通点があります（図6－7a、b）。アンモニアも水も、中心にある窒素または酸素が負の電荷を持ち、これに対して水素（正の電荷を持ちます）が偏って結合していて、分子の中に電気的に正の部分と負の部分があるため、極性（分子内で電荷が偏っている）分子とよばれます。このため、アミノ酸などのイオンになりやすい生体分子を溶かしやすいのです。また水同様、アンモニア同士は水素結合で結びつき、見かけ上、大きな分子としてふるまうために、融点や沸点が高くなります。ただ、地球の場合は、アンモニアが高濃度に存在する場所はあまりなく、アンモニア濃度の低い環境で生命が進化してきたため、多くの地球生物にとってアンモニアは毒になります。私たちも生体内の反応でアンモニアができてしまうと、尿素（爬虫類などの場合は尿酸）の形に変えて解毒する必要があります（第3章）。しかし、もともとアンモニア濃度の高い環境で進化した生物は、アンモニアを必須の分子としているはずです。

タイタンの地下（氷の下）にはアンモニア水からなる地下海があり、氷火山からときどき噴出している可能性があることは前に紹介しました。タイタン大気中で生成した多様な有機物は、氷火山の噴出孔などから地下に潜ってアンモニア水に溶け込み、そこでの化学進化により生命が誕生したという可能性は検討する価値があります。

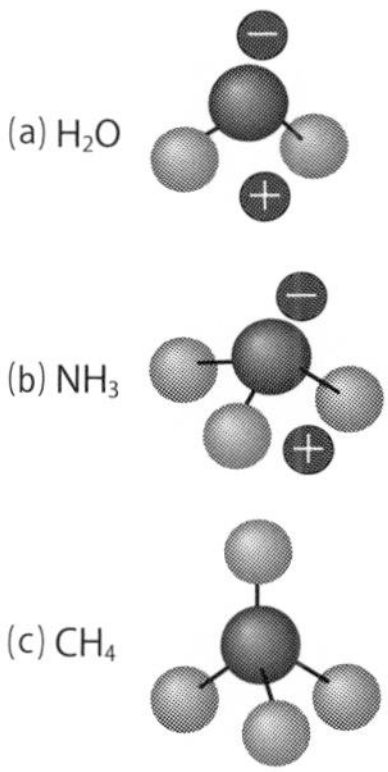

(a) $H_2O$

(b) $NH_3$

(c) $CH_4$

**図6－7　水・アンモニア・メタン**

**液体メタン中の生物――タイタンの生命（2）**

より「敷居が高い」生物は、タイタン表面の液体メタン・エタン湖中の生物です。メタン（図6－7c）などの炭化水素は非極性（分子内で電荷が偏っていない）分子であり、水やアンモニア、

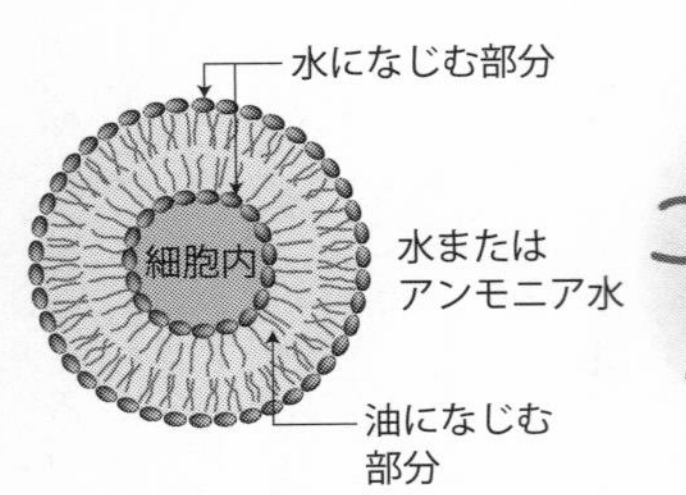

(a) 地球およびタイタン地下海の生物

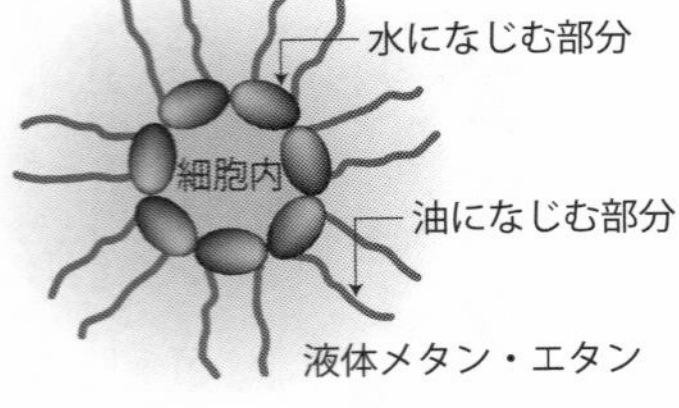

(b) タイタンの液体メタン・エタン湖中の生物

**図6－8　タイタン生物の細胞膜**

さらにアミノ酸や核酸塩基などの極性分子と相性が悪いのです。このため、タイタン表層のメタン・エタン湖に住む生物は、地球生物や火星・エウロパ・エンケラドゥスなどで想定されている生物とかなり異なる道具立ての生物にならざるを得ないのではと考えられます。

まず、変わらざるをえないのが、膜の構造です。地球生物は基本的に水の中で暮らし、細胞の中身（細胞質基質）も水溶液です。このため、水中で生命物質を溶かした水溶液を仕切るためには水に溶けない非極性のものが必要ですが、細胞膜の内側、外側はともに水となじむ必要もあります。そこでリン脂質のような水になじむ部分（リン酸）と水になじまず、油になじむ部分（脂質）をともにもつ分子を用います。図6－8aに示すように水になじまない部分（線で表している）どうしが向かい合い、水になじむリン酸部分（●で表している）が細胞の外側と内側に向くようにして二重に並べています。アンモニア水中の生物も基本的には同じような細胞膜構造が使えるはずです。

一方、液体メタン・エタン湖中の生物は外側に水になじまない部分を向ける必要があります。細胞の中身にアミノ酸のような水になじむ分子を使うとすれば、内側に水になじむ部分を向けることにより一層だけの膜を使っているかもしれません（図6―7b）。もし、細胞の中身も液体メタンのようなものがつまっているとすると、内側にも水になじまない部分を向ける必要があるため、地球型とちょうど反対の二重膜を使うことになります。この場合、地球生物と同じようなタンパク質はつかえず、有機溶媒に溶けるような「生体分子」を触媒子や自己複製に用いることになりますが、そのような分子を私たちはまだ知りません。

なお、カリブ海の国、トリニダード・トバゴにあるピッチ湖は、天然のアスファルトがたまった湖として知られています。おそらく、地表にたまった石油から揮発性成分が蒸発して重いアスファルト成分だけが残ったと考えられていますが、この湖に微生物が棲息することが知られています。アスファルト一グラム中に一〇〇〇万匹もいる微生物の多くは新種です。ただし、この湖のアスファルトの中にも微量の水分が存在し、その割合（水分活性）はこれまで知られていた地球の生物が生存するのに必須とされる水分活性の下限値（〇・六〇）以上であることが報告されています。ピッチ湖の微生物も地球の共通の祖先から進化した生物で、細胞膜も他の生物と同じようなものを使っているため、細胞膜の外側に薄い水の層をまとっているのではと考えられています。タイタンのメタン湖にいるかもしれない生物のしくみはアスファルト湖中の生物からはとても類推できないものなので、そのようなものが発見されれば私たちの生命の概念は大きく拡張されるでしょう。

## 次世代のタイタン探査

カッシーニ探査機は一九九七年に打ち上げられ、二〇〇五年には切り離されたホイヘンス着陸機が無事にタイタン表面に着陸しました。カッシーニ本機も、何度もタイタンに接近し、写真撮影や観測を行いました。さらに、カッシーニは土星本体やエンケラドゥスなどの多数の衛星を観測し、エンケラドゥスから有機物やシリカを含む水が噴出していること（第5章）など、多くの成果が得られました。カッシーニ本機は、二〇一七年九月一五日、土星の大気圏に突入して燃え尽きました。これは、カッシーニ本機には地球微生物が付着している可能性があり、これがエンケラドゥスやタイタンに持ち込まれて生物汚染を引き起こすことを防ぐためでした。

土星やその衛星、特にタイタン・エンケラドゥスに関する多くの新知識をもたらしたカッシーニ・ホイヘンス計画でしたが、タイタン・エンケラドゥスの生命の新たな謎が次々と生まれました。これは、次世代の探査を行うしかありません。欧米の研究者を中心に新たなタイタン探査計画が次々と提案されました。NASAは二〇〇七年にタイタン・エクスプローラー計画、ESAは二〇〇九年にタイタン・エンケラドゥス探査計画（TandEM、タンデム）、を発表しましたが、莫大な費用がかかるために二つの計画を統合し、TSSM（タイタン・土星系探査計画）としました。この計画は、「モンゴルフィエ」と名付けられた熱気球によりタイタン大気中を六ヵ月間浮遊して大気の分析を行い、「レイクランダー」をタイタンの湖（リゲイア海）に着水させるなど、野心的なものでした。しかし、同時期に提案されたエウロパなどの木星系天体の探査計画と競合してしまい、木星探査が二〇二〇年代に先行して行われることになりました。二〇二二年打ち上げ予定のESA主導のJUICE計画、二〇二五年打ち上げ予定のNASAのエウロパ・クリッパー計画です（第5章）。

図6－9　ドラゴンフライ計画　©NASA

二〇一九年六月、私はシアトルで開催されていたアストロバイオロジー科学会議（AbSciCon、アブサイコン）に出席していました。その会場で、NASAの次期大型ミッションが決定された、との発表がありました。選定されたのはドラゴンフライ（とんぼの意味）計画と呼ばれるタイタン探査計画。すぐさま、計画責任者（PI）のエリザベス・タートル博士（ジョンズ・ホプキンス大学）や副PIのメリサ・トレイナー博士（NASA）らが壇上に集結し、会場は歓声につつまれました。この計画に限らず、昨今のアストロバイオロジー研究においては女性の活躍がめだっています。

ドラゴンフライ計画では図6－9のような足と羽をもつ昆虫に似た着陸機が、タイタン表面をひょいひょいと飛び跳ねながら探査する予定です。ホイヘンスが着陸地点から動けなかったのに対し、様々な場所を調べられるのがメリットです。湖に飛び込むことは想定されてはいませんが、メタンの雨により有機物が集められていると考えられる低地を訪れ、濃集された有機物の分析をめざしています。二〇二七年に打ち上げられ、二〇三六年にタイタンに着陸する予定で、生命の徴候や化学進化の痕跡が見つかるか今から成果が楽しみです。

## 金星にも生命？

二〇二〇年九月、金星に生命存在の痕跡が、という記事が新聞に載り驚いた方もいるのではないでしょうか。金星の表面大気圧は九〇気圧でその主成分は二酸化炭素。その温室効果のために表面温度は四七〇℃という高温であり、とてもではないですが液体の水は存在できません。表面温度が低い天体（火星やタイタンなど）の場合、地下はより暖かくなるため、地表よりも地下に期待がもてますが、暑すぎる場合は地下はより絶望的です。しかし、金星に生物が存在するかもしれないという考えは一九六七年にセーガンらによってすでに唱えられていました。

金星で生命がいるかもしれない場所は地下ではなく、反対の上空です。地球でも対流圏においては高度が高くなると気温は下がっていきます。ということは灼熱の金星表面から上空に昇っていけば、ある高度ではちょうどいい気温になる可能性があるということです。図6－10は金星の気温・気圧の高度変化を表していますが、高度五〇キロメートルあたりでは約一気圧、気温〇～一〇〇℃となり、地球の地表環境に近くなります。そして、このあたりに雲、つまり液滴（または氷の粒）が存在することが知られています。液体の存在は、生物存在の必要条件です。この雲は紫外線を吸収します。この紫外線吸収物質が何であるかはまだ不明ですが、これが微生物によるものではという説も出されていました。

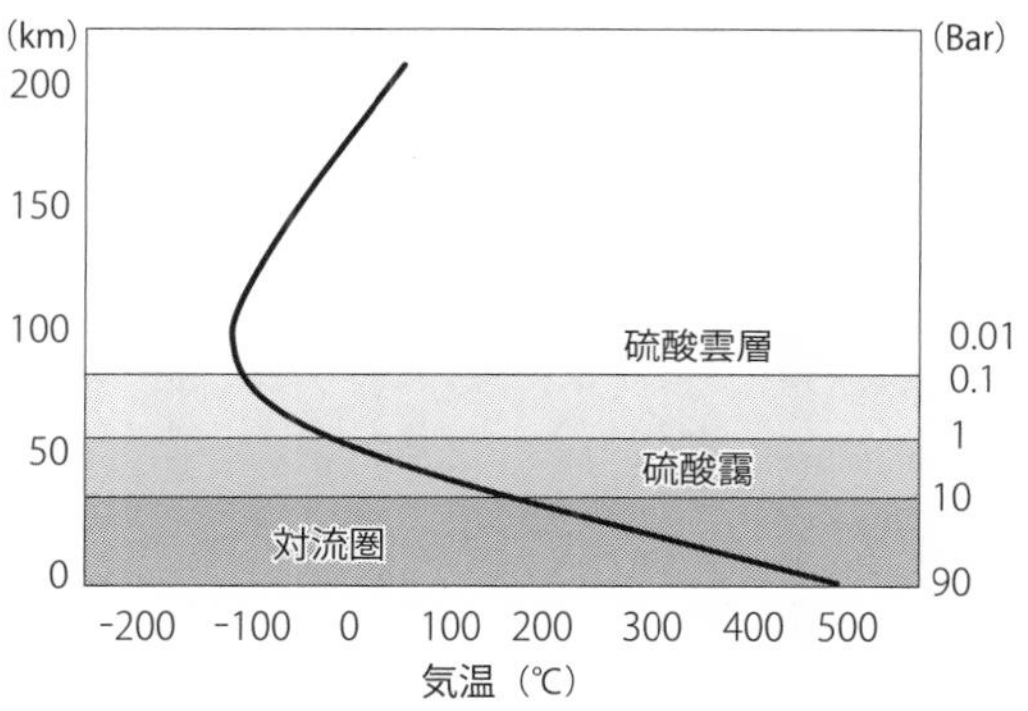


**図6－10　金星の大気構造と気温**

地球の雲は水の液滴（低温下では水の氷）からできています。では、金星上空の雲は何でできているのでしょうか。NASAの木星探査機ガリレオ（第5章参照）は一九九〇年に金星フライバイにより加速し、木星をめざしましたが、その時に金星の雲の観測を行いました。さらに、ESAの金星探査機ヴィーナスエクスプレスも二〇〇六年に金星周回軌道に入り、より詳細な雲の観測を行いました。さらに、JAXAの金星探査機あかつきは二〇一五年に金星周回軌道に入り、現在、金星探査を続行中です。これらの探査から得られた知見により、金星の雲には七五・九八パーセントの硫酸が含まれているとされています。つまり、金星の雲は濃硫酸からできているのです。

濃硫酸というと、死体を跡形もなく消し去るのに用いる液体、というようなイメージもあり、とても生物が生きていけるような環境には思えないでしょう。しかし、地球では強アルカリ性よりはむしろ強酸性に強い生物の方が多いのです。たとえばピクロフィルス属の古細菌はpHゼロ以下の強酸性条件でも生育することが知られており、逆にpHが四を越すような弱い酸性下だと細胞膜が壊れてしまうといいます。濃硫酸中でも住めば都なのかもしれません。

では、雲の中にいる生物はどこで誕生したのでしょうか。現在でこそ金星表面は灼熱地獄ですが、かつての金星は地球と双子のような温暖な惑星だったと考えられています。一九七八年に金星に到達したNASAの探査機パイオニア・ヴィーナスは、過去の金星に海があった痕跡を発見しました。NASAゴダード宇宙飛行センターのマイケル・ウェイらによれば、三〇億年前の金星はまだ温暖な気候で海も存在していたそうです。しかし、今から七億年前の巨大火山噴火により大量に噴出した二酸化炭素により急激に温暖化が進行し、現在のような表層では生物が住めないような環境になったということです。ということは、現在は温暖な地球環境も何かのはずみで金星のようになってしまう可能性も考えられるわけです。

海が存在した太古の金星上で、化学進化により生命が誕生したとしますと、たとえ巨大火山活動による大絶滅が起きたとしても絶滅を免れた生物が何とかして生きのびようとするのは地球の例でも明らかです。金星の場合、金星表面や地下が生物にとって生息不可能となった後、唯一の生存可能な領域が上空の雲の中となっているのかもしれません。

## 金星生命探査計画

二〇二〇年に報告された「金星生命の痕跡」は、ホスフィン（$PH_3$）というリン化合物でした。ホスフィンは、木星の大気中にも検出されていますが、木星大気のような水素を多く含む「還元的」な大気中で存在することは、別に不思議ではなく、また生命の証拠にもなりません。しかし、現在の地球のような酸素を多く含む大気中ではホスフィンは非常に不安定で、酸素に触れると即座に反応して発火します。地球大気中に微量のホスフィンが検出されることがありますが、これは微生物の働きによりリン酸などから還元されたものです。人魂（ひとだま）は微生物により死体中のリンから作られたホスフィンによる、という説もあります。金星大気も二酸化炭素を主とするもので、この中ではホスフィンは安定に存在することができないため、微生物によって作られたのではと考えられたわけです。その後、この観測結果はホスフィンではなく、別の分子を捉えたものであるとの反論も出され、金星大気中に本当にホスフィンがあるかどうかは現時点で不明です。

しかし、金星上空の硫酸でできた雲に微生物が棲息している可能性は否定できません。この仮説を検証するにはどうしたらいいでしょうか。東京工科大学の佐々木聰（さとし）教授らは、第4章で紹介した火星生命探査用の蛍光顕微鏡を改良して、金星の雲中の生命探査に応用できないか検討を行っています。金星の濃硫酸環境中で作動する蛍光顕微鏡や蛍光試薬の開発など、クリアすべき課題も多々ありますが、微生物そのものの存在を確認する方法としては有望です。すでに金星軌道に投入されたJAXAのあかつきの任務には生命探査は組み込まれていませんが、二〇二〇年代後半にはインド、ロシア、米国などによる金星探査計画が目白押しであり、そのどれかでの生命探査の実施ができないか議論されています。

### 生命と溶媒

この章では、水以外の溶媒中で棲息する生命の可能性を土星の衛星のタイタンと金星に探りました。表6−1に様々な分子の融点と沸点をまとめました。一般に極性分子（水やアンモニアなど）は非極性分子（窒素やメタンなど）よりも高い沸点・融点を持っています。

タイタン地下のアンモニア、金星上空の硫酸はそれぞれ強塩基性、強酸性を示すので、地球の微生物がその中で暮らすのは容易ではありませんが、進化の過程でそのような環境に適応することは十分に考えられますし、なにより地球生物に似た仕組みの生命形態でも対応可能だと考えられます。一方、タイタン表面の液体メタン・エタン中での生命を考える場合は、膜・代謝分子（タンパク質など）・遺伝分子（DNAなど）に関して、地球型とはかなり異なったものを考える必要があります。

水、メタン、アンモニア、硫酸以外にも宇宙で溶媒として使われる可能性があるものがあります。例えば、海王星の衛星のトリトンでは表面を窒素とメタンからなる氷に覆われています

| 極性／非極性 | 物質名 | 化学式 | 融点（℃） | 沸点（℃） |
|---|---|---|---|---|
| 極性溶媒 | 硫酸 | $H_2SO_4$ | 10 | 338** |
| | ヒドラジン | $NH_2NH_2$ | 2 | 114 |
| | ホルムアミド | $HCONH_2$ | 3 | 210 |
| | 水 | $H_2O$ | 0 | 100 |
| | シアン化水素 | HCN | −13 | 26 |
| | アンモニア | $NH_3$ | −78 | −33 |
| | 硫化水素 | $H_2S$ | −86 | −61 |
| | フッ化水素 | HF | −83 | 20 |
| 非極性溶媒 | メタン | $CH_4$ | −182 | −162 |
| | エタン | $C_2H_6$ | −183 | −89 |
| | プロパン | $C_3H_8$ | −188 | −42 |
| | アルゴン | Ar | −189 | −186 |
| | 窒素 | $N_2$ | −210 | −196 |
| | ネオン | Ne | −248 | −246 |
| | 水素 | $H_2$ | −259 | −253 |
| | ヘリウム | He | (−272)* | −269 |

＊26気圧の時。１気圧では凍らない
＊＊98.3% $H_2SO_4$

**表６−１　溶媒となりうる分子**

が、その割れ目から窒素などを噴き出していることから、地下に液体窒素が存在する可能性が考えられています。シアン化水素や硫化水素は地球生物の多くにとっては猛毒なのですが、もし液体として存在する環境があり、そこで誕生・進化した生物にとっては、地球生物にとっての水と同じようなものになるのかもしれません。

　地球外生命を考える場合、私たちはどうしても地球生命のありかたをもとに考えてしまいます。しかし、地球と異なった環境では、その環境に適合した形で生命が誕生し、進化している可能性も考えられます。地球型と異なる生命形態を考えることで、地球生命の本質も初めて見えてくるのではないでしょうか。

# 第７章
# 太陽系を超えて

## アルファ・ケンタウリへの旅

前章まで、太陽系内の生命探査について述べてきました。生命探査候補の番付を組むとすれば、東の横綱が火星、西の横綱がエンケラドゥス、東の張り出し横綱がエウロパ、東西の大関にタイタンとガニメデが並び、関脇以下には金星、ケレス、カリスト、トリトン、冥王星などの十指に余る錚々（そうそう）たるメンバーが並びます。ただ、いずれの天体上でも生命はまだ見つかっていません。また、探査の対象としては微生物が主で、しかも場所としては多くの場合、太陽光が直接当たらない地下、もしくは氷の下が本命です。このため、地球から望遠鏡で観測するだけでは生命存在の確固たる証拠をつかまえるのは困難であり、やはり探査機で出向く必要があります。

本章では太陽系を飛び出し、銀河系（天の川銀河）全体を対象にしましょう。対象となる恒星系の数は二〇〇〇億ほどにふくらみます。ただ、太陽系内だったら最も遠くの惑星の海王星へも一〇年程度で行くことができますが、太陽系外となるとその遠さは桁違いとなります。地球から冥王星までは最も近づく時で四三億キロメートルくらい。探査機ニューホライズンズは約九年で冥王星に到達しました。一方、太陽系から最も近い恒星は、アルファ・ケンタウリ星系にあるプロキシマ・ケンタウリという赤色矮星であり、地球（太陽）からの距離は四・二四六光年（四〇兆キロメートル）で、単純計算で冥王星までの距離（最短）のざっと一万倍。現時点で最速の探査機は、二〇一八年に打ち上げられたNASAの太陽観測機パーカー・ソーラー・プローブで、太陽に最接近する時には瞬間的に秒速二〇〇キロメートルのスピードとなる予定です。この速度を保ってプロキシマ・ケンタウリまでまっすぐに飛行したとしても、到達までには六〇〇〇年以上かかることになります。

では、探査機を思い切り軽くしたらどうでしょうか。二〇一六年四月、物理学者スティーブン・ホーキング（一九四二〜二〇一八）とロシア生まれの投資家ユーリ・ミルナーは、アルファ・ケンタウリ星系に向けてコンピュータ・チップ大（重量一〇グラム）の探査機に一辺が四メートルの正方形の帆をつけて、これに強力なレーザー光を当てることにより光速の二〇パーセント（秒速六万キロメートル）の速度で飛ばす計画（図7−1）を発表しました。これはブレークスルー・スターショット計画

図7−1　ブレークスルー・スターショット計画

と名付けられ、準備に二〇年、飛行に二〇年、つまり二〇六〇年頃にアルファ・ケンタウリ星系に到達しようとするものです。計画が成功すれば、現地で写真を撮影し、データを電波で送ることにより、その四年後に私たちのお隣さん星系の近接画像が見られることになります。

## 電波を用いた生命探査——SETI

とはいっても、数十年待つのはやはりつらいですね。そこで、太陽系外に関しては、私たちの宇宙で最速の電磁波(光や電波)を用いる方法が検討されてきました。まず提案されたのは電波によるものです。

一九五九年、イタリアの物理学者ジュゼッペ・コッコーニは、米国のコーネル大学に滞在し、そこで米国の物理学者フィリップ・モリソンと共に学術誌ネイチャーに「星間通信の探査」という論文を発表しました。この論文では、地球外に知的生命体が存在するならば、彼らは電波を利用しているはずなので、その電波を捉えることにより知的生命の検出ができるのでは、というアイディアを発表しました。地球生命は、テレビ、ラジオ、無線通信などで電波を使っています。例えば、NHKラジオ第一は東京では五九四kHz(キロヘルツ)の周波数で放送していますが、この周波数が少しずれてもラジオは受信できません。地球外生命はどの波長の電波を使っているのでしょうか。コッコーニたちは、一・四二GHz(ギガヘルツ)という高い周波数の電波を提案しました。宇宙で最も普遍的に存在する水素原子が出すエネルギーがこの周波数であることから、宇宙でもっともありふれた周波数の電波と考えられます。そこで、彼らは地球外生命もこの周波数の電波を用いているのでは、と考えたためです。地球外知性体（Extraterrestrial Intelligence、ＥＴＩ）との交信（communication）は、その頭文字をとってＣＥＴＩ（セチ）と呼ばれました。

モリソンと同じコーネル大学にいた天文学者フランク・ドレイク（一九三〇〜　図７－２右）も星間交信の考えを温めていました。しかし、コッコーニたちの論文に先を越されたため、その実施を急いで行うことにしました。一九六〇年夏、ドレイクは米国ウェストヴァージニア州グリーンバンクにある国立電波天文台の一八フィート電波望遠鏡を用いて、比較的地球に近い二つの恒星、くじら座タウ星（一二光年先）とエリダヌス座イプシロン星（一一光年先）をターゲットとして一・四二GHzの電波の観測を二〇〇時間行いました。くじら座を選んだのには理由があり、くじら座の英語名cetiがＣＥＴＩと同じだったからです。

**図７－２　フランク・ドレイク**（右）**とジル・ターター**（左）（著者撮影）

この計画は「オズマ計画」と名付けられましたが、この名前はライマン・フランク・ボーム（一八五六〜一九一九）の名作童話「オズの魔法使い」シリーズの中のオズマ姫の名前に由来しています。シリーズ第六作の『オズのエメラルドの都』のエンディングにおいて外敵の侵入を防ぐためにオズの国は外界から遮断されてしまいました。しかし、シリーズの継続を望む読者のために、作者がオズマ姫と電波交信をすることによってオズの国の出来事を知ることができるようになり、第七作『オズのつぎはぎ娘』以降の執筆が可能になった、としたのです。つまり別世界と無線で交信するというアイディアがCETIと共通していたのです。

実際にCETIでETIと交信するとなると一〇光年先でも電波が届くのに一〇年、その返事が戻ってくるのにさらに一〇年かかるわけで、非常に悠長な話になります。そこで、交信はあきらめ、「探査」(Search)に専念することになりました。この場合、その略称はCがSに変わりSETIとなりましたが、発音はセチのままです。

オズマ計画の後、欧米の天文学者を中心にSETIの試みが断続的に行われました。その中で代表的なものは一九八〇年にスチュワート・ボイヤー(一九三四〜二〇二〇)が始めたセレンディップ計画です。カリフォルニア大学バークレー校のSETI研究センターが中心となり、もともとあった電波観測プログラムに相乗りする形で観測を行いました。なお、このプログラムの名前「セレンディップ」はスリランカの旧称です。一八世紀のイギリスの作家ホレス・ウォルポール(一七一七〜一七九七)は童話「セレンディップの三人の王子」において、王子たちが旅の途中、自分たちが求めていなかった偶然の幸運に出会うところから、探し物をしている時に、探しているものとは違う別のものを偶然に発見することを意味する「セレンディピティ」という語を作ったとされています。セレンディップ計画においても、もともとの電波観測プログラムの目的とは違う、地球外生命発見という幸運を見つけることが期待されたのです。

セレンディップ計画は様々な電波天文台を使い、セレンディップ２、３……と継続されましたが、セレンディップ３から中心を担うことになったのが、カリブ海のプエルトリコにあるアレシボ天文台です（図７－３）。プエルトリコ島の北岸の町アレシボから少し内陸に入ったところにあった天然の大きなくぼみを利用することで、直径三〇五メートル（当時世界最大）のパラボラアンテナが一九六三年に作られました。

図７－３　アレシボ天文台

私は二〇〇七年にプエルトリコで開催された生物天文学会議に出席したおり、アレシボ天文台を訪れましたが、緑の中に白い巨大なお椀が広がり、その上に電波を集める九〇〇トンの受信機が三本のケーブルでつるされている様は壮観でした。アレシボ天文台は、ＳＥＴＩをはじめとする電波観測のみならず、そのフォトジェニックな外観から様々な映画の舞台にもなりました。そのひとつは後で述べる『コンタクト』であり、主人公エリーがＥＴＩからのシグナルをここで見つけることになります。残念ながら、二〇二〇年に受信機部分が落下して鏡が大きく壊れてしまい、修復が困難な状態になってしまいました。

SETIを行う時の問題のひとつは、電波望遠鏡から得られた膨大なデータ中に、ETIからと思われるようなシグナルがあるかをどのように調べるかということです。その処理にはスーパーコンピュータが必要ですが、マシンタイムの獲得や経費が大きな問題となります。これを打開すべく、カリフォルニア大学バークレー校が中心となって一九九九年に始めたのがSETI@Home（セチアットホーム）です。アレシボ天文台などで集めたデータを、一般の人々のパソコンに送り、それぞれのパソコンの空き時間に解析をしてもらうというもので、今日の分散コンピューティングの先駆けといえます。このプロジェクトは二〇二〇年三月まで行われました。世界各地の二六〇万人超の人々が参加し、処理したデータをバークレーのチームが解析していましたが、ETIからとみられるシグナルの有無を判断するのに時間がかかるため、現在はデータの配布が休止されています。多くの人々に、もしかしたら自分のパソコンがETIを見つけるのではという希望を持たせることになりますので、このプロジェクトが再開されることを期待したいと思います。

### ジル・ターターとカール・セーガン

ここであらたなヒロインが登場します。ジル・ターター（図7−2左）はコーネル大学で工学を学んだのち、大学院では天文学に転向、そこでボイヤーと出会い、彼女の工学（コンピューター）の腕を生かさないかと誘われてSETIの道に入りました。その後、セレンディップ計画など、様々なSETIプログラムで活躍し、ドレイクと共にSETIの二枚看板になります。

一九八四年、ターターらは北カリフォルニアのマウンテンビューに地球外生命探査を目的とした非営利団体SETI研究所をつくりました。カール・セーガンらもこの研究所の理事を務めており、フランク・ドレイクは現在名誉理事です。現在は研究所内に研究の中核となるカール・セーガン研究センターも作られ、SETIのみならず火星生命探査などを含む様々なアストロバイオロジーのテーマに取り組んでいます。

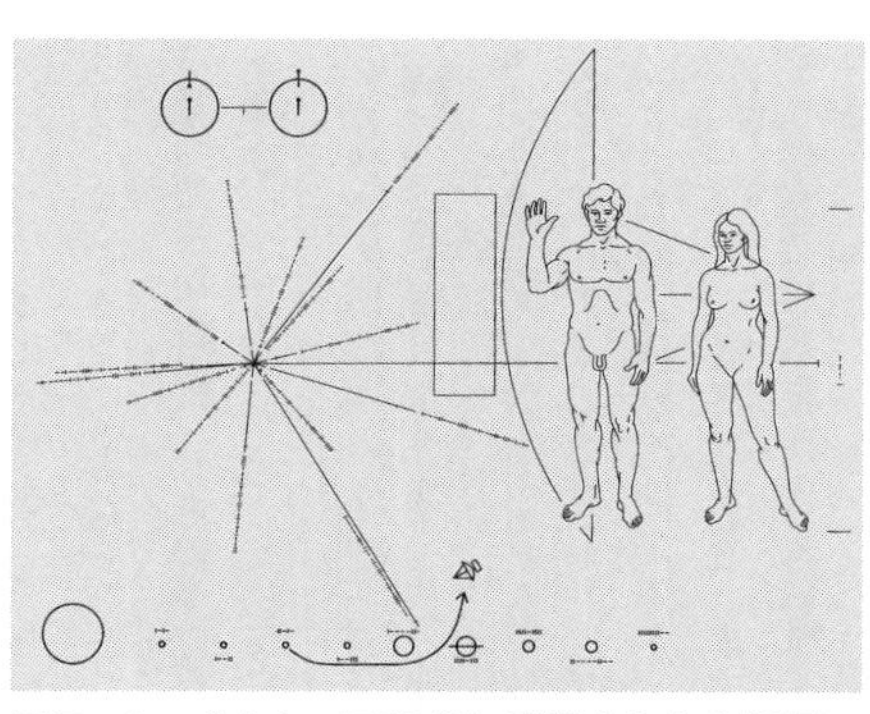

図７－４　パイオニア10号に搭載された金属板

セーガンはSETIにも熱心に取り組みましたが、単に電波を受けるだけでなく、地球に知的生命がいることを地球外生命に知らせようとする試みも行いました。一九七二年打上げの木星探査機パイオニア10号や、一九七三年打上げの木星・土星探査機パイオニア11号は、惑星探査後に太陽系を脱出することになっていたため、これに地球や地球人に関する情報を刻んだ金属板を搭載しました（図７－４）。

金属板は二三センチメートル×一五センチメートルと小型でアルミに金メッキしたものです。地球人男女の姿（裸であることを批判した人もいました）の他、水素分子の説明（水素から出される光の波長が盤面の長さの単位になります）、太陽と太陽系惑星（当時は冥王星を含めて九個）、探査機の形などが記されています。

さらに、セーガンは地球から宇宙にむけて電波で情報を発信しました。一九七四年、二万五〇〇〇光年離れたヘルクレス座にある球状星団M13に向けて一六七九個の〇と一からなるメッセージが発信されました。知性体ならば一六七九を素因数分解すると二三×七三という二つの素数の積になることがわかるでしょうから、この情報を二三×七三の長方形に並べ替えると、図7－5のような図柄が浮かび上がります。この図には、一から一〇までの数字（二進法）、水素、炭素、窒素、酸素、リンという地球生命にとって最重要な五つの元素の原子番号、DNAの構造、太陽系の惑星配列、ヒトの身長と人口、送信に用いたアレシボアンテナの形とサイズなどが含まれています。なお、長さはこの送信に用いられた波長（一二・六センチメートル）を単位としており、ヒトの身長はその一四倍、一七六センチメートルとされていますが、ほぼドレイクの身長です。DNAの構造は、ヌクレオチドを構成する四つの塩基、糖（デオキシリボース dRib）、リン酸の組成式で表されています。例えばデオキシリボースは$C_5H_{10}O_4$なのですが、DNA中では塩基や二つのリン酸と結合するときに三つOHがとれるため、$C_5H_7O$として表されています。またリン酸部分はDNA中で水素イオンが抜けてマイナスの電荷をもつ形

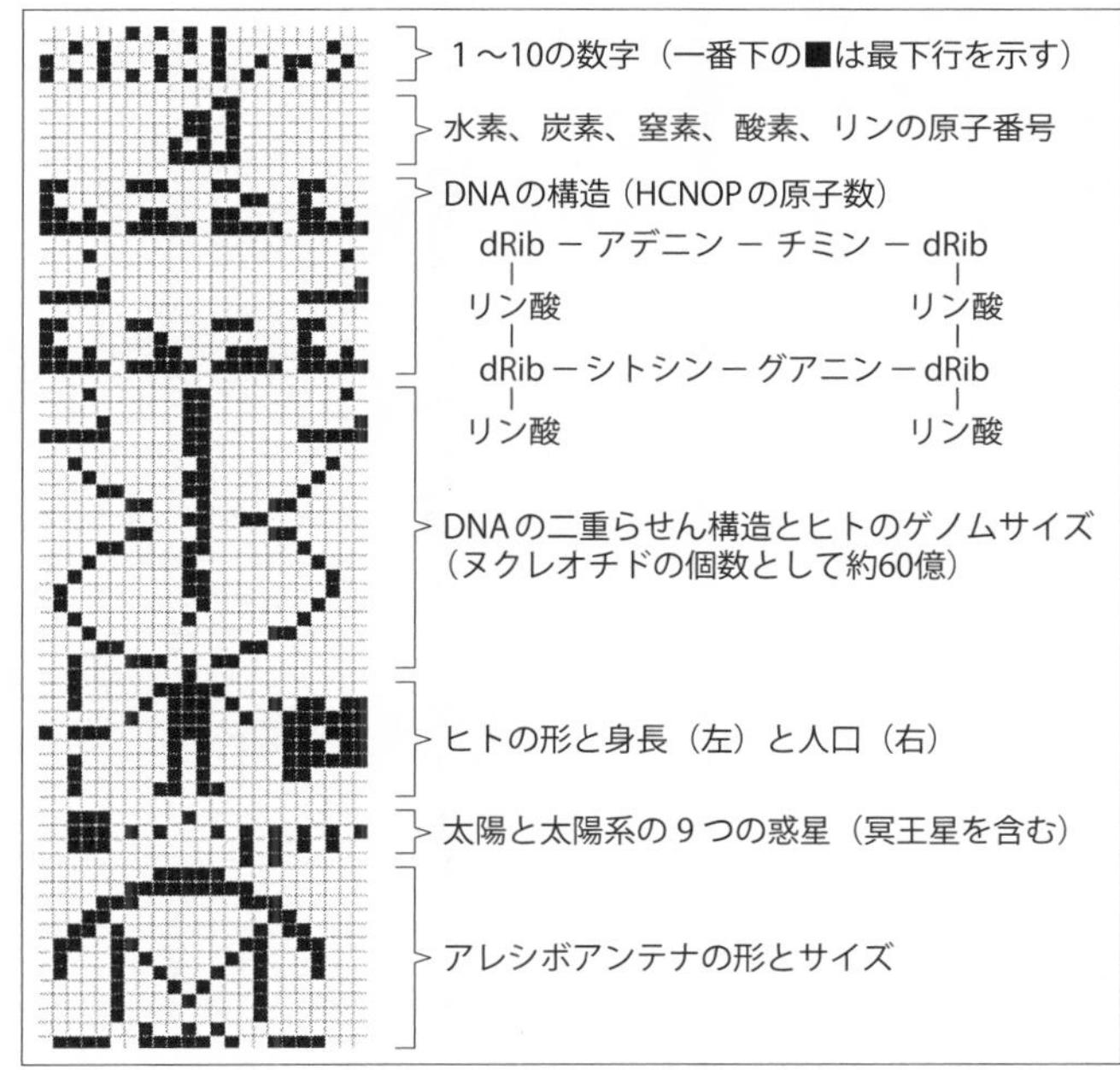


**図７－５　アレシボメッセージ**

で存在するために$PO_4$とされています。

これらの試みはアクティブＳＥＴＩともいわれますが、実際にＥＴＩに拾われたり、受信される可能性は極めて低いでしょう。Ｍ13に住むＥＴＩが受信後にすぐに返事をくれたとしても、私たちがそれを受信するのは五万年後です。しかし、その可能性はゼロではないので、宝くじをかったつもりで気長に待ちましょう。

セーガンは一九八五年にＳＥＴＩを題材とした小説『コンタクト』を発表し、一九九七年にロバート・ゼメキス監督で映画化され、ヒロインのSETI天文学者エリーをジョディー・フォスターが演じました。小説の後書きで、セーガンはこの小説にはモデルはいないとことわっていますが、ジル・ターターがそのモデルではともいわれています。ジルとエリーは大きな影響を受けた最愛の父親を早く亡くすなどの共通点があります。セーガンは映画の監修も行いましたが、公開を前にした一九九六年に亡くなってしまいました。

## ETIからのシグナルは見つかるのか？——ドレイク方程式

SETIの試みが続けられるなか、何度かこれは、というようなシグナルが得られることもありました。そのひとつは一九六七年、ケンブリッジ大学大学院生のスーザン・ジョスリン・ベル（一九四三〜　）がマラード電波天文台で観測を行っていた時に発見した、高速で規則的に変化するシグナルです。これはETIからのシグナルか！とも考えられ、ベルの指導教員のアントニー・ヒューイッシュ（一九二四〜二〇二二）はその電波源に緑の小人（リトル・グリーンマン）をもじってLGM−1と名付けました。後に、これは高速で回転しながら定期的に電波を発する天体であることがわかり、パルサーと名付けられました。ヒューイッシュはパルサーの発見で一九七四年にノーベル物理学賞を受賞しましたが、実際の発見者である女性研究者のベルが受賞できなかったことが批判されました。

一九七七年にはアメリカ・オハイオ大学のジェリー・エーマンが、図7−6に示すような異常に強い電波を受信しました。シグナルは1、2、3……9、A、B、C……の順に強くなるため、丸で囲んだ6EQUJ5は他と較べてはるかに強いことを示します。エーマンは記録紙の脇にワウ（Wow）！と書き込んだため、このシグナルはワウ・シグナルと呼ばれています。ただ、このシグナルはたった一度きりで、再確認ができなかったことから、ETIのシグナルとは認められていません。科学、特に天文観測においては、複数の観測者による確認が必須なのです。というわけで、現時点（二〇二一年）では、まだETIからのシグナルが確認された例はないということになります。

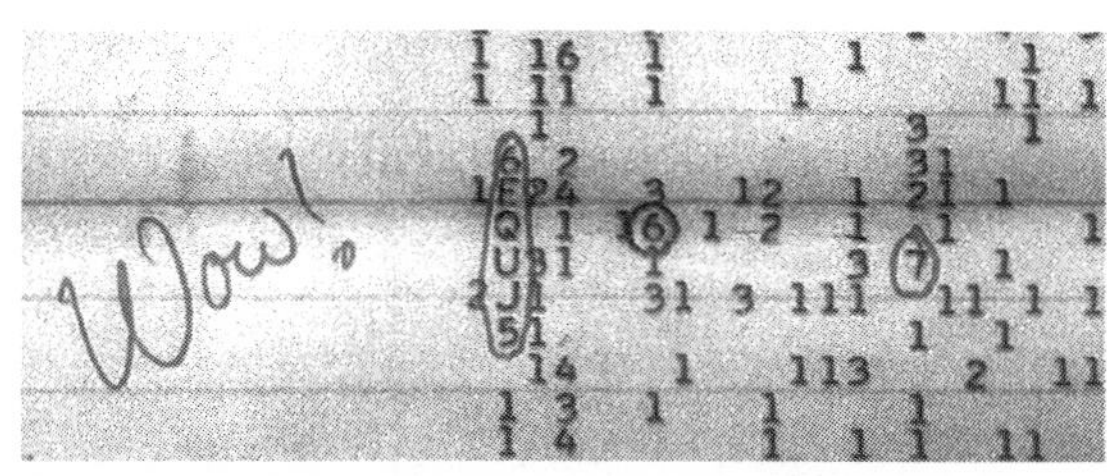

図7－6　ワウシグナル

SETIが成功する見込みはあるのでしょうか。一九六〇年に実施されたオズマ計画が大きな反響をよび、翌一九六一年に米国国立科学財団（NSF）はドレイクにCETIに関する会議を企画するように依頼しました。グリーンバンク天文台で開催された会議にはドレイクの他、セーガンやモリソン、ノーベル賞受賞者のカルヴィン（第2章）やレーダーバーグ（第1章）らが参加しました。ここでドレイクは有名な「ドレイクの方程式」（図7－7）を発表しました。

**図7－7　ドレイクとドレイクの方程式** ©SETI Institute

この方程式は、銀河系の中で、電波による交信、つまりＣＥＴＩが可能な惑星（もしくは文明）の数$N$を求めるためのもので、次の七つのパラメーターを掛け合わせます。まず$R_*$は、銀河系で一年当たりに生まれる恒星の数。次の$f_P$は恒星が惑星をもつ割合。$n_e$は惑星をもつ恒星一個あたりのハビタブルな惑星の平均数。$f_l$はハビタブルな惑星のうち、実際に生命が誕生する割合。$f_i$は誕生した生命が知的生物（ＥＴＩ）まで進化する割合。$f_c$はＥＴＩが電波交信をする割合。そして、最後の$L$はＥＴＩが電波交信を継続できる平均年数です。

七つのパラメーターのうち、最初の$R_*$のみは天文学の知識からおおよそ一〇個／年であることがわかっています。問題なのは、残りの六つがどれくらいの数字なのか不明なことです。例えば、二つめの$f_P$に関しても、当時は推定するすべすらありませんでした。なぜなら、太陽系外の惑星は一つも見つかっていなかったためです。

太陽系外の惑星を望遠鏡で見つけるのは、極めて難しいのです。恒星だったら、どんなに暗い、遠く離れた天体でも望遠鏡の解像度を上げていけば原理的には撮像が可能です。しかし、惑星は自分自身は光を出さないのに対し、そのすぐそばに遥かに明るい中心星が存在することが問題となります。たとえば、太陽は地球から見るとマイナス二六・七等星に相当する明るさですが、太陽系最大の惑星、木星が最接近して最も明るく見える時でもマイナス一・四六等星です。一等級違うと、明るさは約二・五一二倍になるため、太陽は木星の一二〇億倍の明るさです。地球からの距離は木星の方が四倍以上遠いため、これを補正し、はるか遠方から太陽と木星を観測した場合でも太陽は木星より七億倍以上明るいことになります。このように明るさが桁違いに異なる天体がたった〇・〇〇〇〇八光年しか離れていないのですから、太陽系外から二つを識別するのは非常に難しくなります。

しかし、天文学者たちは間接的に太陽系外の惑星を検出する方法を考え、挑戦を続けてきました。たとえば、救急車が近づいてくる時、ドップラー効果によりサイレンの音は高く聞こえ、遠ざかる時は低くなります。これは音波が音源の移動により圧縮されたり引き延ばされたりするためです。光にも同じことが起こり、光源が近づく時には光の波が圧縮されて波長が短くなります（青っぽくなる）し、逆に遠ざかる時は赤っぽくなります。惑星は恒星よりも小さいとはいえ、その重力により恒星を若干なりとも動かしており、地球でさえ太陽を毎秒一〇センチメートルの速度で動かしています。この性質を用いて恒星の色の変化を観測することにより惑星の存在を知ろうとするのがドップラー法（視線速度法）です。また、惑星が恒星の前を横切る時に、恒星から来る光を遮るため、恒星の光度が下がります。これを利用して惑星の存在を知る方法がトランジット法です。

一九九二年にはパルサーの周りを回る惑星の発見が報告されました。これはパルサーからの電波のパルス間隔が周期的に変化することを利用した「タイミング法」と呼ばれるもので、原理的にドップラー法よりも高感度です。ただし、パルサーは超新星爆発を起こした後にできる中性子星であり、通常の恒星とは次元のことなる天体であるため、パルサー周回惑星は一般の惑星とは別に考えられることが多いようです。

一般の系外惑星がなかなか見つからない中、この分野を牽引してきたのがカナダのゴードン・ウォーカー（一九三六〜　）です。ウォーカーらは一九八〇年以来一二年にわたりドップラー法により太陽近傍の二一恒星を観測しましたが、木星サイズの惑星は見つからなかったことを一九九五年八月に報告しました。ところがその二ヵ月後、スイスのミシェル・マイヨール（一九四二〜　）とその学生のディディエ・ケロー（一九六六〜　）は、地球から五〇光年離れたところにある、ほぼ太陽と同じサイズのペガスス座51番星（略称51 Peg）に惑星が存在することをドップラー法により見つけたと報告しました。惑星名は発見順にb、c、d……となるため、この惑星は51 Peg bとなります。この発表を境に、系外惑星探しは熱をおびていきました。二人は太陽のような恒星の周りを回る系外惑星を初めて発見した功績により、二〇一九年にノーベル物理学賞を受賞しました。

当時、マイヨールはどちらかというと系外惑星探しの新参者でした。ベテランのウォーカーが見つけられなくて、マイヨールが見つけられたのはなぜでしょうか。それは常識に縛られるか縛られないかの違いでした。51 Peg bは、サイズでは木星の〇・四七倍以上の質量をもつ「木星型」であるのに、その公転周期はたったの四・二日、木星の公転周期一二年の一〇〇〇分の一以下だったのです。小さい地球型惑星が太陽の近くを回り、大きい木星型惑星は遠くをゆっくり回るというのが太陽系の常識でした。見つけやすい大きな系外惑星は、木星のように中心星の遠くをゆっくり回っているとウォーカーをはじめとする系外惑星探しのベテランたちは信じ切っており、51 Peg bのようにドップラー効果の周期が数日のものが網にひっかかるとは夢にも思っていなかったのです。このような中心星の近くを高速で回転する巨大な惑星は、ホット・ジュピターと呼ばれています。

マイヨールがコロンブスの卵を立てた後に、多くの天文学者が系外惑星探しに参戦しました。常識のタガを外すと、系外惑星は続々と見つかりました。初期に見つかったものの多くは、ホット・ジュピターや、その軌道がかなり細長い楕円形をした「エキセントリックプラネット」など、それまでの惑星系形成論では説明がつかないものでした。太陽系のような惑星系がどのようにしてできるかを考える時に参考になったのは現在の太陽系の姿だけだったからです。

### 「ハビタブル」惑星の探索

系外惑星探査は世界的な大ブームとなりました。当初はドップラー法による発見が主でした。これはトランジット法ですと、中心星−系外惑星−地球がほぼ一直線上に並ぶ必要があることなどの制限があることにも起因します。しかし、二〇〇九年にトランジット法による地球サイズの系外惑星発見をめざした宇宙望遠鏡「ケプラー」が打ち上げられると、二〇一八年の運用終了までに二六〇〇個以上の系外惑星が発見されるなど、現在ではトランジット法が系外惑星発見の最大のツールとなっています。トランジット法にはもうひとつメリットがあります。惑星大気の組成を知ることができる可能性があることです。

当初、ホット・ジュピターのような「変な惑星」ばかりが見つかり、太陽系が標準的な惑星系かどうかがわからなくなってきましたが、系外惑星検出の感度が上がり、地球に近いサイズの惑星も見つかってくるなどして、太陽系の家族構成もそんなに変でもなさそうだという印象に戻ってきました。となりますと、次の課題は生命を宿す可能性のある惑星、すなわちハビタブル惑星の発見です。ただし、ここでいうハビタブルはあくまでも地球のように惑星表面に液体の水があるような「古典的ハビタブル惑星」に限られ、エウロパやエンケラドゥスのような地下海のあるものは除かれています。残念ながら現時点では望遠鏡により地下のようすは見えないためです。

ハビタブル惑星が存在する範囲、すなわちハビタブルゾーンは、中心星の明るさに依存しますが、中心星から同じ距離にあったとしても惑星大気の組成や雲の有無によっても表面温度は変わります。例えば地球は太陽から一天文単位（約一億五〇〇〇万キロメートル）離れていますが、太陽の明るさのみから考えますと太陽系のハビタブルゾーンは〇・四七―〇・八七天文単位の範囲となり、地球はハビタブルゾーンの外側になってしまいます。しかし、地球大気に含まれる二酸化炭素などの温室効果ガスのため、現在の地球はハビタブルであり、〇・七二天文単位の金星は灼熱状態で、表面はハビタブルでない惑星となっています。また、太陽のような主系列星は、誕生直後の明るさが現在の約七〇パーセントだったのが、少しずつ明るくなってきました。つまり、時間とともにハビタブルゾーンの位置も変化します。このような不確かさもありますが、中心星のサイズをもとにそれぞれの恒星系のハビタブルゾーンが議論されています。

現在、ハビタブル惑星探しにおいて特に注目されているのが、主系列星の中でも太陽のようなG型星よりも一回り小さいM型星です。M型星は、質量が太陽の〇・〇八―〇・四五倍のもので、宇宙においてG型星やそれより大きい恒星よりも多数存在します。M型星の表面温度は三〇〇〇℃前後と低く、星の中で水素が核融合する速度が遅いため長命です。さらに、小さい惑星が前を通過するときの相対的な明るさの変化や、惑星によるふらつきが大きく、トランジット法、ドップラー法のいずれでも小さな地球型の惑星が検出しやすいという利点があります。さらに、G型星よりも暗いということは、M型星まわりのハビタブルゾーンはG型星より中心星に近いところにあるため、中心星近くをまわる小型の惑星がハビタブルである可能性も高まるわけです。

二〇一七年には地球から四〇光年離れたM型星の「トラピスト―1」を周回する地球型の惑星が七つ見つかりました。その質量は地球の〇・七五―一・一七倍と地球とほぼ同じですが、中心星の近くを回っているため、公転周期は一・五―一二・四日にすぎません。そして、そのうち三つはハビタブルゾーン内にあると報告されました。地球に最も近いプロキシマ・ケンタウリは質量が太陽の約七分の一のM型星ですが、これを周回する惑星プロキシマ・ケンタウリbがドップラー法で発見されたのが二〇一六年八月です。その質量は地球より少し大きく、また中心星からの距離は〇・〇五天文単位で公転周期は一一・二日、ハビタブルゾーン内にあると期待されています。さらに二番目の惑星、プロキシマ・ケンタウリcも二〇一九年に発見されましたが、これは質量が地球の七倍程度の「スーパーアース」であり、中心星からの距離が一・五天文単位もあるため、ハビタブルゾーンのかなり外側に位置します。太陽系でいえば、bが地球、cは木星か海王星的なものといえます。本章冒頭で紹介したブレークスルー・スターショット計画が順調に進んだ場合、プロキシマ・ケンタウリbの近接写真が見られる可能性がありますが、それは早くて二〇六〇年代で、まだ少し先です。

いろいろと寄り道をしましたが、ここでドレイクの方程式に戻りましょう。銀河系で交信可能な惑星（文明）数$N$を出すための七つのパラメーターのうち、最初の恒星の生成率$R_*$が一〇個／年ほどであることはすでに述べましたが、次の惑星をもつ恒星の確率$f_P$はかつてはかなり低いだろうと思われていました。特に二つ以上の恒星が近接して存在する連星は惑星を持ちにくいとされてきましたが、実際には連星にも惑星が続々と見つかっています。これまでに調べられた恒星のうち半数近くは惑星を持っていることがわかったため、$f_P$は〇・五程度の数字を与えてもいいと考えられます。また、その次のハビタブルゾーン内の惑星の平均個数$n_e$も太陽系の例で考えると現在は地球のみの一ですが、かつては金星・地球・火星の三個があった可能性も考えられます。系外惑星の観測例なども併せて考えると〇・五―二くらいと考える研究者が多いようです。ここでは一くらいにしておきましょう。

さて、あとの四つのパラメーターですが、そのうちの$f_c$（ETIが電波交信をする割合）はほぼ一と置いて問題ないでしょう。知的生命が電波を知らない、あるいは知っているのに使わない、ということは考えにくいからです。

残りの三つが難物です。$f_l$（ハビタブルな惑星で実際に生命が誕生する割合）、$f_i$（誕生した生命が知的生物まで進化する割合）は実際に生命の存在が確認されているのが地球だけなので統計的な議論が全くできないのです。さらに最後の$L$（電波交信の継続時間）は地球人がまだ滅んでいないため、ひとつの例すらないのです。これらに代入する数値は、楽観主義者か悲観主義者かによって何桁も異なってきます。私は比較的楽観主義者なので、液体の水が安定に存在し、そこに宇宙でも普遍的に存在する有機物が供給されれば、それほどの時間を待たずとも、何らかのがらくた生命は誕生すると考えています（第2章）。つまり$f_l$には一に近い数字を入れたいところですが、絶対にRNAができなければダメ、というようなRNA原理主義者ですともっと低い値を考えるでしょう。ここでは少し彼らに遠慮して〇・一くらいにしておきましょう。

次の$f_i$はもっと難しいですね。太陽系の例で考えると、地球以外にも生命が誕生しそうな天体（火星、エウロパ、エンケラドゥスなど）は結構ありますが、知的生命となると、地球以外にはいそうもありません。地球でヒトまで進化するには多くの偶然がありました。隕石衝突で恐竜が滅んでくれたこと、アフリカの森林での霊長類間での競争の結果、ヒトの先祖がうまい具合に追い出されて、そのおかげで知性が誕生したことなど。現生人類（ホモ・サピエンス）が誕生できた確率となるとかなり低いものになるでしょう。しかしヒトが誕生しなくても、例えば恐竜が絶滅しなかったとしても恐竜の中で腕力だけでは生き抜けなかったものから知性が生じた可能性は否定できません。本当にこの数字の推定は難しいのですが、私はとりあえず〇・〇一にしてみました。

すでに述べましたように、$f_c$に関しては、多くの人は一を選ぶでしょう。知的生命が文明を築き、そこで電波を使わないという可能性はほとんどないように思われます。逆に、電波を使わないのはどのような形なのかを考えてみるのも面白い思考実験です。エウロパの生命のような氷の下の生命が進化した時、水の中で電波を使っても、それが氷の外まで漏れてこない可能性はあるかもしれません。

さて、残るのは$L$、電波を用いた交信が継続できる年数ですが、ここでは近代文明が平均でどのくらい持続できるかを推定することにします。ここでも参考になるのは地球のケースのみです。地球の知的生命である現生人類が誕生したのは一〇万年前よりも昔ですが、その頃にETIが地球に接近したとしてもまだ知的生命が存在するとは認識されないでしょう。やがて、約一万年前の農業革命（農耕や動物の家畜化などの開始）を経て、エジプトなどで古代文明が興るのは約五〇〇〇年前です。地球を周回する人工衛星からはピラミッドが識別できるということなので、地球に接近したETIが地球に文明が存在することを認識できるのは、せいぜいこの一万年くらいでしょう。しかし、あくまでも$L$に代入するのは太陽系外から電波交信できる文明なので、地球の場合は一八六五年の米国人マーロン・ルーミス（一八二六～一八八六）が行った最初の無線通信を起点とするか、より一般的には一八九五年のイタリア人グリエルモ・マルコーニ（一八七四～一九三七）による実用的な無線電信の発明、あるいは一九〇一年のマルコーニによる大西洋横断無線通信から数えることになります。なお、ニューヨークタイムズは一九一九年、マルコーニが火星からの無線通信の受信を試みていると伝えていますが、これはドレイクのオズマ計画よりも四〇年ほど前の話になります。

現時点で人類が滅んだとすると、$L$は一〇〇年少しということになります。この先、私たち

$$N = R_* \times f_p \times n_e \times f_l \times f_i \times f_c \times L$$
$$= 10 \times 0.5 \times 1 \times 0.1 \times 0.01 \times 1 \times L = 0.005L$$

は$L$をどこまで伸ばせるでしょうか。二一世紀の今日、地球環境問題、人口問題、そして核戦争の危険性など人類文明の存続に悲観的な要素は数知れません。二一世紀中に人類が滅ぶようなことになり、これが知的生命の宿命だとすれば$L$は二〇〇年そこそこということになってしまいます。一方、地球の中生代の覇者たる恐竜は、およそ一億五〇〇〇万年間栄えました。ただし、個々の種としては例えばティラノサウルス・レックスは六八〇〇万年前に登場してから六六〇〇万年前（白亜紀末）に絶滅するまでの二〇〇万年間、生態系の頂点に君臨したにすぎません。

しかし、真の知的生命ならば、これらの難問に対してどうにかして解決策を見つけ出すでしょう。そうなれば$L$はある程度長くできます。ティラノサウルス・レックスの二〇〇万年と同じくらい、あるいはそれ以上、文明を持続できるかもしれません。その場合、問題となるのが、古生代末の破局噴火や中生代末の巨大隕石衝突などの人知を超えた巨大災害であり、古生代以降、およそ一億年に一回ほど起きています。$L$の長めの推定として一億年を使ってみましょう。

ドレイクの式にこれらの数値を代入すると、上の式となります。

ここで$L$に短めの二〇〇年を入れると、$N=1$となり、銀河系での交信可能な文明数は1、つまり地球のみということになります。一方、$L$に長めの一億年を入れると、$N=500,000$個となり、銀河系のご近所にもＥＴＩがいる可能性は高くなり

$$N'=R_{*}\times f_{\mathrm{P}}\times n_{\mathrm{e}}\times f_{\mathrm{l}}\times L'$$
$$=10\times0.5\times1\times0.1\times L'=0.5L'$$

ます。つまり、SETIが成功するかどうかは、ETIの電波文明の存続期間が長いか短いかに大きく依存するのです。逆にSETIをとことんやってもETIがひっかからない場合、それはETIの通信文明が短命である可能性が高いことを示します。

### 銀河系の生命探査（SETL）

ETIに巡り会う可能性はそれほど高くないかもしれません。しかし、ドレイクの式を応用すると、銀河系に地球外生命（ETL）のいる惑星の数$N'$も推定できます。ETLを探すSETLの可能性はどうでしょうか。

ドレイクの方程式のパラメーターのうち、知的生命に進化する確率は不要となるため、生命の存続時間を$L'$とすると上の式のようになります。ここでも生命の存続時間が問題となりますが、地球の場合は地球誕生から数億年後に生命が誕生し、その後幾多の危機を乗り越えて生命は存続してきました。このあと五〇億年後に地球は膨張した太陽に飲み込まれますが、それまでは何らかの生命は存続しつづけることが期待できます。宇宙では太陽のようなG型星よりも小さなM型星の割合が多く、これらはG型星よりも長命であるため、$L'$を一〇〇億年くらいにとってもいいでしょう。すると、$N'$は五〇億個くらいは期待できることになります。

次の問題は電波を出さない生命をどうやって見つけるかということです。系外惑星が多く見つかってきたので、いろいろな方法が提案されています。まず、トランジット法で見つかる惑星は、その大気組成が推定できます。生命が存在すれば、その惑星の大気組成に影響を与えるので、そこから生命の存否を推定するのです。例えば、地球の場合、生命が誕生する前の大気は二酸化炭素や窒素が主で、酸素はほとんど存在しませんでした。しかし、現在の地球の大気は約二〇パーセントが酸素です。酸素は極めて反応性の高いガスなので、生命の存在しない惑星で高濃度に存在する可能性は低くなります。酸素分子は波長七六〇ナノメートル、すなわち、可視光と赤外線の境界近くに吸収があるため、これを用いて酸素を検出することができます。さらに、大気中の酸素濃度が高いと、地球のようにオゾン層が存在することが期待できますが、このオゾン（$O_3$）はかなり高感度な検出が可能です。

地球の酸素は、植物やシアノバクテリアなどによる光合成により作られたものです。同様に、系外惑星に酸素やオゾンが存在するならば、その星に光合成を行う生物が存在する可能性が高いと考えられます。ただし、生物がいなくても惑星表面に酸化チタンのような光触媒物質が存在すると酸素が生成する可能性があるため、そのような可能性も考慮する必要があります。

酸素やオゾンのように生命の兆候を示す分子のことをバイオマーカーといいますが、メタン（$CH_4$）もバイオマーカーになる可能性があります。メタンは木星や土星に多く存在しますが、それらの惑星大気中には水素が多く存在するため、メタンも安定であり、生命が存在する証拠にはなりません。ところが、地球のように大気中に酸素を含む酸化的な環境においてはメタンは不安定です。しかし、地球ではメタン生成細菌が存在し、メタンを作り出しているため、メタンが平衡濃度以上に存在します。つまり、系外惑星で化学平衡からメタンが存在しえないような大気中でメタンが見つかれば、生命活動のような非平衡な反応によりできた可能性が考えられます。

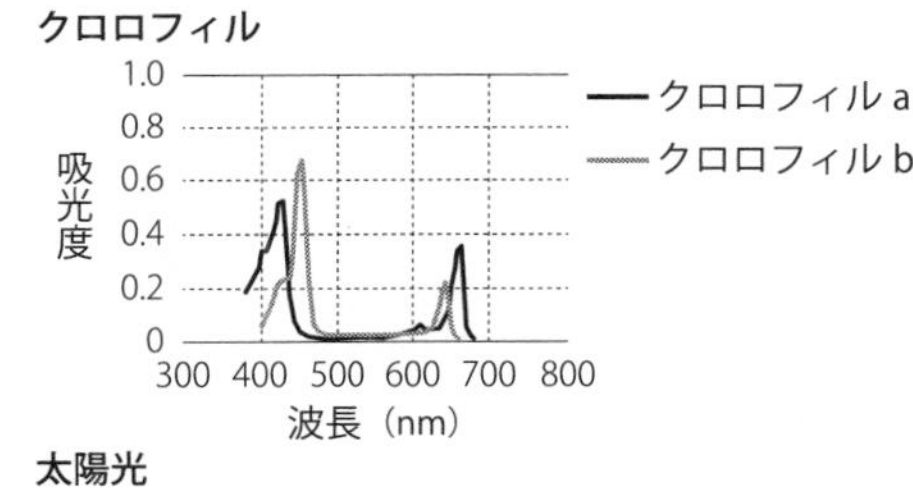


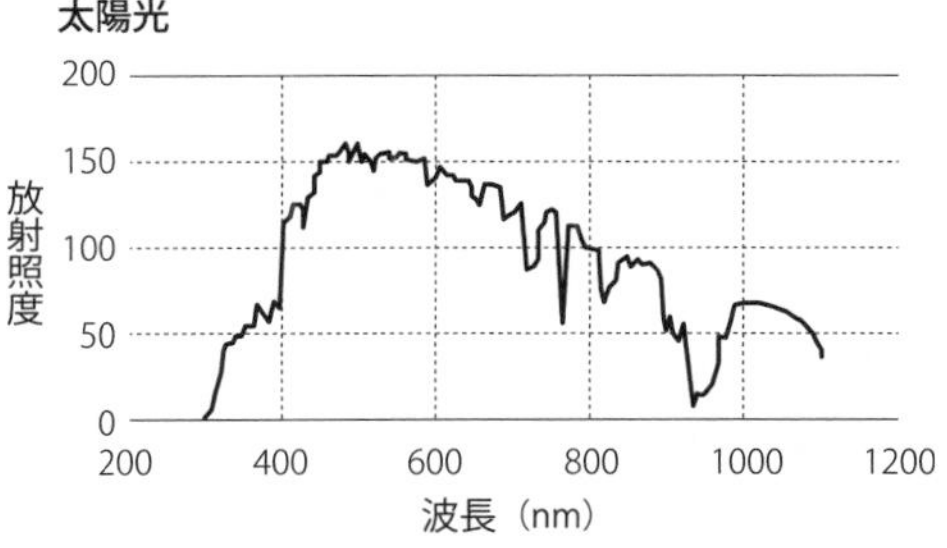


**図7－8　太陽光（下）とクロロフィル（上）のスペクトル**

## レッドエッジを探せ

酸素を作り出すのは、地球では植物の葉緑体やシアノバクテリアの細胞中に含まれるクロロフィルです。クロロフィルは太陽からの可視光線のうち、主に赤と青の成分を吸収します。緑の光は吸収しないため、植物は緑色に見えるのでして、植物は決して緑色が好きなわけではありません。太陽から来る光は紫外線、可視光線、赤外線などいろいろな波長の光が混じった連続光です（図7－8下）が、その中の赤い可視光線（波長七〇〇ナノメートル以下）を植物が強く吸収します（図7−8上）。このため、それより波長の長い可視光線や赤外線を吸収しませんので、地球表面で反射した太陽光は植物に吸収された赤色の可視光線部分が少なくなります。この七〇〇ナノメートル付近の、光の強度が大きく変わるところをレッドエッジといいます。もし、他の天体で表面が地球植物と同じクロロフィルを用いて光合成をするものに覆われているとしますと、その天体で反射された光は地球と同様にレッドエッジが生じるはずです。これを観測して光合成をする生物を検出しようとする議論が行われています。

ただ、忘れてはいけないのは、地球の生物は太陽から来る光の「可視光線」部分が強いことに対応して、その範囲を感知するような眼や、その光をうまく利用できるような光合成システムを進化により獲得したことです。ということは、別のスペクトルを持つ中心星のまわりの惑星の生物は、別の波長の光を使うように進化したはずです。銀河系に多い、太陽よりも小さいM型星は、より波長の長い光を強く出しています。そのまわりの惑星で誕生して進化した生物は、より波長が長い（エネルギーが低い）光、つまり赤外光を使っている可能性が考えられます。前に述べましたように、M型星は太陽（G型星）よりも長寿なので、その星系の生物はエネルギーの低い光をゆっくり使ってスローライフを楽しみ、ゆっくりと進化しているかもしれません。そのような生命の検出にはレッドエッジではなくインフラレッド（赤外）エッジの検出が有効になるでしょう。

## 系外生命検出の課題

前に、銀河系の生命を宿す惑星の数を五〇億個と推定しました。惑星として計算しましたが、太陽系の場合を考えると、衛星も同列に考えていいでしょうから、それも含めて考えてみましょう。その検出の可能性はどのくらいあるでしょうか。

まず、太陽系の場合、生命が確認されているのは地球のみです。地球では地表にも生命が存在しているので、太陽系外から現在の人類と同レベルのETIがこの章で述べたような生命探査（SETI、SETL）をした場合、ひっかかる可能性があります。しかし、太陽系で生命の存在が期待されている火星、エウロパ、エンケラドゥスなどは、生命が存在しているとしても地下や氷の下で、大気も薄いため、吸収スペクトルや反射スペクトルから大気中や天体表面にバイオマーカーを検出することは難しいでしょう。つまり現在の天文学の手法では地下や氷の下の生命、つまり「拡張ハビタブルゾーン」（第5章）の探索は極めて困難です。

惑星表面に光合成を行う生物がいたとしても、バイオマーカーから生命の存在をつかむのには制限がかかります。地球を例に考えてみましょう。地球はこれまでの四六億年の歴史のなかで三八億年くらい生命を維持してきました。また酸素発生型の光合成をするシアノバクテリアが誕生したのは二七億年前くらいと推定されており、その意味では生命の歴史のかなりの部分で光合成生物が存在してきたことになります。しかし、大気中の酸素濃度は今でこそ約二〇パーセントですが、大気中の酸素濃度は六億年前から大きく増加したため、それ以前は検出が難しいレベルでした。成層圏オゾン層ができ、動物や植物が陸上に進出したのは四億年前です。レッドエッジは陸上のかなりの部分が植物で覆われている必要があるため、酸素やオゾンというバイオマーカーやレッドエッジで地球の生命の存在が遠方からわかるのはこの四億年、つまり地球生命の歴史の一割程度です。ドレイクの方程式でも、ＥＴＩ数の推定に$L$（交信可能な文明の存続時間）が重要でしたが、表層に生物圏をかかえた天体の検出においても、陸上の広い範囲で光合成が可能な時間が重要なパラメーターになるでしょう。

以上のことから、分光学的手法によりバイオマーカーを見つけられるようになったとした場合、それで捉えられる系外惑星生命は、実際に生命を宿す惑星のごく一部にすぎないと想定されます。天文学では、宇宙に存在する物質の約八パーセントは目にみえない「ダークマター」であり、さらに宇宙の六八パーセントを占めるのが未知の「ダークエネルギー」といわれています。系外惑星の生命のうち、現在の技術で「見える」のは非常に限られており、残りは地球からは検出困難な「ダークライフ」でしょう。そのようなダークライフの検出法が、今後の大きな課題と考えられます。

# 第8章
# 生物の惑星間移動と惑星保護

## 地球生命は宇宙から来たか？

第2章で、生命の起源について考えた時、地球生命が地球で誕生したと仮定して議論を行いました。生命の起源の諸説の中には、地球生命は宇宙から来たとする説があり、著名な科学者たちもその可能性を唱えています。かつて、生物は自然発生すると広く信じられていましたが、レディが昆虫の自然発生を否定し、さらに一八六〇年、パストゥールが白鳥の首フラスコを用いた実験で微生物の自然発生を否定したことにより（第2章）、現在の地球上で生命が自然発生できないことがはっきりしました。そうなると生命の誕生の場を地球外に求めるという考えが真実味をおびます。物理学の熱力学第二法則（トムソンの原理。外部から吸収した熱をすべて仕事に変えることはできない）や、絶対温度の単位（K）に名前をのこすウィリアム・トムソン（ケルヴィン卿、一八二四～一九〇七）は、一八七一年の英国協会での演説の中で、生命の種が隕石により地球にもたらされた可能性は非科学的ではないと述べています。

二〇世紀に入ると、スウェーデンの化学者、スヴァンテ・アレニウス（一八五九～一九二七）も、地球で生命が自然発生しないのなら、宇宙から生命の種が届けられたのではという考えを公にしました。アレニウスは高校や大学の化学の教科書でおなじみの化学者で、一九〇三年にノーベル化学賞を受賞しています。彼は宇宙空間（そこで生命が誕生できないとは証明されていない）は生命の種で満ち満ちており、それが恒星の光の圧力を受けて宇宙を旅して地球に到達したと考えました。この考えは、生命の種（ギリシャ語でスペルマ）が普遍的に（パン）存在することから、パンスペルミア説とよばれ、この名称はその後の生命の地球外起源説を代表するようになりました。ただし、このパンスペルミア説に対しては、過酷な宇宙環境で生命の種が長時間生きながらえるのか、さらにその生命の種はどこでどのようにして誕生したのかの説明がない、などの批判がつきまといました。

一九二〇年代になり、オパーリンやホールデンが地球での生命誕生の可能性を議論し、さらに一九五〇年代にはミラーの実験などで生体有機物が地球で生成する可能性が示されたことから、生命の地球起源説が有力になっていきました。しかし、それでも様々な科学者が生命の宇宙起源説を支持しました。たとえば、宇宙論で有名なイギリスの天文学者フレッド・ホイル（一九一五〜二〇〇一）は、星間物質を観測するとセルロースに似たスペクトルが得られたとし、これは微生物の細胞膜由来であると主張しました。さらに、同僚のスリランカ生まれのチャンドラ・ウィクラマシンハ（ウィクラマシンゲなどの日本語表記もある、一九三九〜　）とともに、彗星が地球に近づいた時にウィルスをまき散らすため、地球でインフルエンザが流行するなどというかなり過激な説を提唱しました。また、ウィクラマシンハはインドやスリランカなどで観測された赤い雨に興味をもち、これは彗星などで運ばれた地球外生命を含んでいるものではないかと考えています。彼らが赤い雨を調べてみると、微生物状の構造が見えましたが、リン酸やDNAはなかったそうです。彼は、二〇一九年に中国で見つかり二〇二〇年から世界に蔓延した新型コロナウィルス（COVID－19）も、彗星からまき散らされたダストに由来するのではと述べています。

少し変わったところでは、DNAの構造をワトソンといっしょに解明したクリック（第4章参照）もパンスペルミア説を唱えています。その理由のひとつが、すべての地球生物にとってモリブデンという金属元素が極めて重要なのに対し、地上にはモリブデンがそれほど多くないことです。クリックらはモリブデンに富んだ惑星で誕生した生物をETIが地球に送り届けたのではないかと説きました。この説は「意図的パンスペルミア説」と呼ばれています。実際には地球の陸地ではなく海にモリブデンは豊富に存在するため、地球の海で生命が誕生したとすれば全く問題なくなりますので、これはクリックの勇み足といっていいでしょう。

さらに、全球凍結説（第3章）の提唱者であるカーシュヴィンクは、より具体的に火星こそ地球生命の誕生の地である、との説を主張しています。生命の誕生前にRNAが必要だとしたとき、RNAを作るのにホウ素を含む鉱物が重要な働きをしたとの説がありますが、そのホウ素鉱物が豊富なのが地球よりむしろ火星だというのがその理由です。

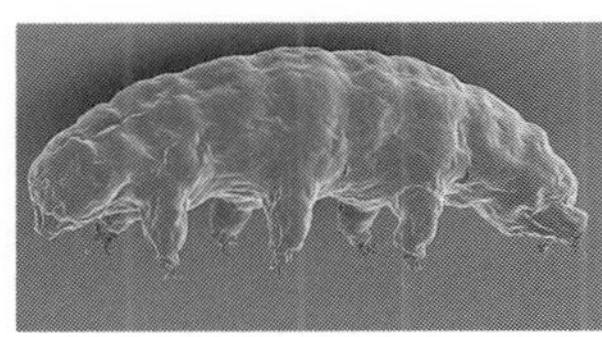

**図8−1　クマムシとその樽**　©田中冴、相良洋、國枝武和

## 生命は宇宙空間で生きられるか

パンスペルミア説で問題とされるのは、ひとつは宇宙にいた微生物はどのようにして誕生したかという問いに答えてくれないこと、第二に、宇宙空間という過酷な環境を長時間生きた状態で移動するのは困難だろうということです。一つ目の問題は、二〇世紀初頭のアレニウスたちには答えられませんでしたが、今日ならば、原始地球で生命が誕生可能ならば、他の天体でも同様に生命ができるだろうと答えればよいでしょう。つまり、地球だろうが、他の天体だろうが、生命の誕生の条件は同じと考えればいいのです。ここでは二つ目の問題を考えてみましょう。

ヒトは宇宙服なしで宇宙空間に放り出されたらどうなるでしょうか。一般には即死すると考えられていますが、ＮＡＳＡの記録によれば、一〇秒くらいは意識があり、一分以内に与圧部に戻されれば死なずにすむそうです。とはいえ、動物は真空下ではそう長くは生きられません。ただ、例外として知られているのが、クマムシ（図8−1左）という小動物で、ある意味、「世界最強の動物」とも呼ばれています。緩歩（かんぽ）動物門に属し、体長は大きいもので一ミリメートル程度、道端のコケの裏などにいますので、見つけるのはそれほど難しくないようです。成虫はその容姿のかわいらしさから多くのファンがいますが、とても最強とはほど遠い、かよわい動物です。クマムシが本領を発揮するのは、徐々に乾燥させた時です。体内の水がとことん抜けて、「乾眠」状態になると「樽」とよばれる形態（図8－1右）になるのですが、この樽が最強なのです。液体窒素につけようが、真空にさらそうが、逆に数万気圧の高圧下だろうが、ヒトの致死量の数百倍の放射線をあてようが生き抜き、水を与えるともとの姿に戻ってまた活動を始めます。実際に宇宙空間で生きられるかという実験もロシアの科学衛星フォトンM3を用いて行われ、太陽光を遮った状態ならば真空下で宇宙線を一〇日間浴び続けた後でも蘇生しました。ただ、太陽紫外線をまともに浴びた場合は蘇生率が大幅に低下しました。

多くの微生物は基本的に乾燥させた菌体でしたら真空下でも生存可能です。ただ、液体の水がなければ増殖はできませんので休眠状態になります。宇宙で問題となるのは、宇宙線と太陽紫外線です。地球はヴァン・アレン帯に覆われており、その下では宇宙線の多くはカットされますが、ヴァン・アレン帯の外側では太陽系外から飛んでくる銀河宇宙線、そして太陽から放出される太陽エネルギー粒子に曝（さら）されることになります。宇宙空間での宇宙線は、多くの微生物にとっても致命的ですが、一部の微生物にとっては問題ではありません。デイノコッカス・ラディオデュランスというバクテリアがいますが、これが見つかったのは、缶詰の中でした。米国オレゴン州で食品保存のため、牛肉の缶詰にガンマ線を照射して滅菌していましたが、それでも中身が腐って膨らんでしまった缶詰がありました。これを調べると、ガンマ線でも死なずに生きのびたバクテリアがいることがわかったのです。ヒトは一〇グレイ程度の放射線を浴びると死にますが、このバクテリアは五〇〇〇グレイくらいでも死にません。ちなみに、ディノコッカスのディノは恐竜（ダイノサウルス）のダイノと同じ語源で恐ろしいという意味、コッカスは球菌なので、まさに「恐球菌」という意味です。ディノコッカスも、他の生物と同じようにタンパク質、DNA、RNAからできており、特にDNAが放射線を浴びると一部がこわれて変異を起こし、生存が難しくなりますが、ディノコッカスが生きられるのはすばやくDNAを修復する仕組みを持っているからです。

放射線よりも問題となるのが、太陽からの紫外線です。第4章で火星の生命を考えた時も、火星表層で生き抜くのに最も問題となるのが紫外線でした。様々な微生物の中で比較的紫外線に強いのは、その仲間が納豆を作るのに使われる枯草菌です。枯草菌は環境が悪くなると芽胞（がほう）と呼ばれる耐久性のある細胞構造をとりますが、この形態の時、特に紫外線への耐性が高まります。放射線耐性を持つディノコッカスは高い紫外線耐性も持っています。とはいえ、宇宙空間で太陽からの紫外線をまともに浴びて長時間生きのびられる地球生物は知られていません。この点をどうクリアするかがパンスペルミアを考える上での最大の問題になります。さらに、生命が誕生した惑星からいかに脱出し、いかに安全に別の惑星にたどり着くかも問題です。

## 宇宙実験によって調べる微生物の宇宙生存可能性

これらの問いに答えるため、様々な実験が行われてきました。実験室では微生物にX線や紫外線、さらに加速器からの粒子線などをあてて、どのくらい生きられるかを調べる実験が行われてきました。これらの実験によりデイノコッカスのような放射線耐性菌や枯草菌のような芽胞をつくる微生物が紫外線や放射線に強いことがわかりました。実際の宇宙ではこれらの環境因子があわさって作用するため、実際の宇宙での生存を調べるにはこれらの微生物を宇宙に連れ出して調べる必要があります。このような宇宙実験は、早くは、NASAのジェミニ計画やアポロ計画においても行われましたが、一九八〇年代からはスペースシャトルを用いて有人の宇宙実験室「スペースラブ」や無人の実験用衛星「エウレカ」が打ち上げられ、そこで様々な宇宙実験が行われました。なかでも、圏外生物学関連の実験に主に用いられたのは、一九八四年から一九九〇年にかけて二〇七日間の宇宙曝露実験が行われたLDEF（エルデフ、長時間曝露施設）や、一九九四年から本格運用が開始されたBIOPAN（バイオパン）です。これらは共にESAが中心となって運用しました。後者は、ロシアのFOTON（フォトン）衛星に外付けされた球形の実験施設で、微生物や有機物を含む様々な試料が真空下で宇宙線や紫外線に曝露されました。圏外生物学がアストロバイオロジーと衣替えされた二一世紀になっても、ESAが中心となって微生物などの宇宙曝露実験が継続されました。

より長期的な有人ミッションを見すえ、宇宙ステーションが建設されました。まず、ソビエト連邦（当時）は一九七一年にサリュート1号という小型の宇宙ステーションを地球周回軌道上に打ち上げました。このサリュート1号から一九八二年打ち上げのサリュート7号まで、一連のサリュート宇宙ステーションは一九九〇年まで運用され、その間、二四名の宇宙飛行士が宇宙に滞在しました。

サリュート7号の運用と重なりますが、一九八六年にソビエト連邦はより大型のミール宇宙ステーションの運用を開始しました。一九九〇年一二月、当時TBSに勤務していた秋山豊寛(とよひろ)が日本人初の宇宙飛行士としてミールに九日間滞在し、カエルが宇宙の微小重力下でどのような行動をするか、などの宇宙実験を行いました。さらに、フジテレビの子ども番組「ポンキッキーズ」のキャラクターのガチャピンが一九九八年八月に五日間滞在しました。ミールは二〇〇〇年まで運用されましたが、その間の一九九四〜九五年にワレリー・ポリャコフ宇宙飛行士が四三七日連続でミールに滞在し、これが現在までの最長宇宙滞在記録です。

その後、ロシアはミール2、米国はフリーダムといった独自の宇宙ステーション計画を立てましたが、予算などの問題により、米国・ロシア・日本・カナダ、そして欧州（ESA加盟国）の共同での国際宇宙ステーション計画に舵が切られました。一九九八年に建設が始まった国際宇宙ステーション（ISS、図8−2）は、二〇一一年に完成しました。当初、運用は二〇一六年までとされましたが、何度か延長され、現時点（二〇二一年）では二〇二四年まで継続使用されることになっています。地表から約四〇〇キロメートル上空を秒速七・七キロメー

図8−2　国際宇宙ステーション　©NASA

図8−3　きぼう（日本実験モジュール）　©NASA

トルで周回しており、九〇分で地球を一周することになります。図8−2の下がISSの後方で、ロシアの実験モジュール「ズヴェズダ」が位置します。この写真では見えにくいのですが、ISS前方には日本の実験モジュール「きぼう」やESAの実験モジュール「コロンバス」などがあります。

図8−3はきぼうの写真です。右側の円筒形の部分は「与圧部」とよばれ、宇宙飛行士が居住し、実験などを行う場所です。そしてその左側の屋根のないむき出しの部分が曝露部です。ロシアのズヴェズダ、ESAのコロンバスも曝露部を付設していますが、きぼう曝露部はISS中で最大です。

ISSのコロンバス曝露部を用いたEXPOSE（エクスポーズ）−E実験が二〇〇八年から、ズヴェズダ曝露部を用いたEXPOSE−R実験が二〇〇九年から開始され、様々な微生物や有機物が宇宙曝露されました。これらの実験により、微生物が単独で惑星間を移動するとなると、放射線はともかく太陽からの紫外線のために長時間生き抜くのは難しいのですが、岩石の中に入り込めば紫外線は当たらなくなるので、長時間の生存が可能となることがわかりました。岩石に守られて惑星間を旅することは、リソ・パンスペルミアと名づけられました。リソとは岩石のことです。地球に到達する時も、大きな隕石（小惑星の破片）が突っ込むと大爆発を起こして内部の生物も死んでしまいますし、ミリメートルサイズの塵だと流れ星となって大気中で燃え尽きてしまいます。しかし、その中間の数十センチメートル程度の隕石ならば表面はこんがり焼けるものの、内部には熱が届かず、微生物が無事に地球に到達できることが期待されます。月や火星に隕石が衝突して、そこの石が飛び出し、宇宙を旅して地球に到着したものは、月隕石、火星隕石として知られています。火星隕石に乗って火星で誕生した生物が地球に来た可能性も否定できません。

### 日本のアストロバイオロジー実験「たんぽぽ計画」

二〇〇七年、私たちは、東京薬科大学の山岸明彦教授（当時）を中心にパンスペルミア説の検証と、宇宙塵により宇宙から有機物が運び込まれる可能性の検証をするための宇宙実験を提案しました。名前は、たんぽぽ計画としました。これは、たんぽぽの綿毛が風に乗ってひとつの場所から別の場所に生息域を広げていくのと同じように、宇宙でも生命の種（微生物そのもの、または生命のもとになる有機物）が生息域を広げている可能性を探ろうということからの命名です。

この計画を立てるにあたって参考としたのが、地球の高層大気中で微生物が生存していることです。空気中に細菌やウィルスが漂っていることは、マスクの着用が感染防止に役立つことからよく知られていますが、いろいろな理由で高い高度まで微生物が舞い上がる可能性も考えられます。そこで、気球などを使って上空に微生物がいるかを調べる実験が一九二〇年代から行われ、成層圏にも微生物がいることが報告されています。山岸らも飛行機を使って高層大気を吸引してフィルター上に集めた微生物を調べたところ、対流圏上部や成層圏でも生存しているものが確認されました。さらに遺伝子解析によりそれらにディノコッカス属のものや、芽胞をつくる枯草菌などが含まれることがわかりました。いずれも放射線・紫外線・乾燥という高層大気環境の厳しい条件下でもなかなか死なないものでした。

たんぽぽ計画では、ＩＳＳきぼう曝露部に微生物などのサンプルを一～三年置き、その生存率を調べる実験（曝露実験）に加え、ＩＳＳ周辺を飛び交う塵（ダスト）を集め、そこに微生物や有機物があるかを調べる「捕集実験」を組み合わせて行うことにしました。捕集実験で想定されているのは、宇宙から地球にむけて飛び込んでくる塵にアミノ酸などの有機物が含まれているか、また、地上から宇宙へと脱出した地球微生物がいないかということです。もちろん、地球外から地球にむけてやってきた微生物がつかまる可能性もゼロではありませんが、ＩＳＳ

の位置が地球表面から四〇〇キロメートルしか離れていないことを考えると、地球生物がつかまる可能性の方がはるかに高いと考えられます。

しかし、宇宙を漂う塵を捕まえるのには大きな問題があります。それは、ＩＳＳは地上に落下しないように、超高速で動いていることです。その速度は毎秒八キロメートル程度。ということは、両者の運動の向きにもよりますが、塵はＩＳＳに対して秒速数キロメートルから十数キロメートルの相対速度でぶつかって来るのです。これですと、衝突のショックで塵やそれにふくまれている微生物や有機物は完全に壊れてしまいます。そこで「たんぽぽ計画」で用いたのが、超低密度のシリカエアロゲルという材料です。これはもともとは素粒子物理学で用いるために開発されたものですが、高速の微粒子を捕まえるのにも適しているため、ＮＡＳＡのスターダスト計画（第２章）で彗星から噴き出す塵を採取するなど、宇宙でも用いられてきました。素材はガラスと同じ酸化ケイ素ですが、特殊な製法ですき間だらけにすることにより比重をガラスの一〇〇分の一程度にすることができます。スターダスト計画で使われたものは比重〇・〇三のものでしたが、たんぽぽ計画では千葉大学で新規に開発した比重〇・〇一のシリカエアロゲル（図８－４左）が採用されました。低密度のものほど、より高速の粒子の捕集が可能になるのです。

実際にこれを用いて高速の粒子を捕集できるかのテストを、ＪＡＸＡ宇宙科学研究所にある二段式軽ガス銃（図８－４右）を用いて行いました。写真の奥の方に銃があり、これにより秒

図8－4　シリカエアロゲルと二段式軽ガス銃

速数キロメートルで発射された物体が、真空中を飛行し、手前の膨らんだ部分に設置されたシリカエアロゲルに衝突します。この実験により微生物のDNAや、アミノ酸が検出可能であることがわかりました。

## たんぽぽ計画の実施と将来の宇宙実験

たんぽぽ計画の実施でもうひとつ問題だったのは、どのように試料をきぼう曝露部に設置するかでした。当初は、宇宙飛行士に船外活動をしてもらい取り付けることを考えていましたが、船外活動の機会が極めて限られていることが問題でした。そこで、きぼう与圧部と曝露部を隔てるエアロックから、ロボットアームを用いて曝露部の船外実験プラットフォームの手すりに取り付けることとし、そのためにワンタッチで曝露部に固定できるような実験装置「ExHAM（エクスハム）」が開発されました。たんぽぽ計画で用いられる曝露実験用のパネル（エアロゲル）や捕集実験用のパネルは基本的に一〇センチメートル×一〇センチメートルのサイズで作られているため、ExHAMはこのサイズの実験装置が取り付けられるような構造になっています。

これらの準備が整い、二〇一五年にたんぽぽ計画は実行に移されました。一年間宇宙に曝露された捕集パネルや、一〜三年間宇宙環境で紫外線や宇宙線にさらされた曝露パネルが二〇一六〜一八年に地球帰還し、分析が行われました。曝露実験の結果、デイノコッカス・ラディオデュランスのような放射線に耐性のある微生物の場合でも単独では宇宙での生存は困難ですが、仲間同士で集まって塊をつくれば、内部の微生物は三年間生存が可能であることがわかりました。これは、宇宙での強い紫外線が表面の微生物に吸収されるため、内部の微生物が守られることによります。欧州の宇宙実験で隕石などによって守られた微生物が惑星間を移動可能とした「リソ・パンスペルミア」に対して、たんぽぽ計画の結果、微生物の塊でも惑星から惑星へと移動できる可能性が示されました。これは「マサ・パンスペルミア」と呼ばれていますが、マサとは塊のことです。捕集試料の解析は現在も継続中です。

マイクロメーターサイズの微生物の塊が宇宙に脱出する可能性としては、隕石衝突の時にはじき出されたり、雷雲よりも上の高層大気中でのスプライトとよばれる放電現象によって微粒子が加速されることなどが考えられますが、昨今でしたらむしろ、ロケットなどの人工物によって地球外に脱出する可能性が高いでしょう。この可能性については、本章後半で議論しましょう。

ＩＳＳは宇宙とはいえ、高度四〇〇キロメートルほどのため、わずかながら地球大気の影響

(非常に希薄な酸素原子が存在します)や、ヴァン・アレン帯により宇宙線の一部がカットされるなどの影響があります。地球から離れた、いわゆる深宇宙(ディープスペース)環境を再現するには、より地球の影響を排除した宇宙実験が望まれます。現在、月周回軌道をまわる宇宙ステーション計画が進行しています。これは月軌道プラットフォーム・ゲートウェイ(LOP-G)と名づけられ、ISS同様、米国・欧州・ロシア・日本・カナダが協力して二〇二二年に建設を開始する予定です。LOP-Gは将来の月や火星への有人飛行の中継基地としても使われますが、その環境を利用して宇宙実験を行うことも考えられています。ISSでの宇宙実験の発展形の実施が期待されます。

### 宇宙での微生物汚染

第4~7章で地球外生命の探査について紹介してきましたが、実は地球以外で微生物が検出された天体がひとつあります。それは月です。NASAの無人月探査機サーベイヤー3号は一九六七年四月に「嵐の大洋」の中にある「既知の海」に着陸しました。一九六九年一一月、アポロ12号は人類二度目の有人月着陸に成功し、ピート・コンラッドとアラン・ビーンは月面に降り立った三、四番目の人類となりましたが、その着陸目標地点が既知の海でした。コンラッドたちは月面活動の中でサーベイヤー3号を訪れてカメラを回収しました(図8-5、遠方にアポロ12号がみえます)。地球に持ち帰って検査したところ、カメラの内部に連鎖球菌が生存していたことが確認されたのです。月面の真空かつ宇宙線の強い環境下で二年半以上生き続けていたことになります。月は生命探査の対象ではないので、地球の生物を持ち込んだことはそれほど大きな問題ではないと判断されました。

しかし、これが生命の有無が議論されている火星やエウロパの場合だったらどうでしょう。火星で生命を検出したが、よく調べたら探査機で運びこんだものだったなどということがあったら、笑い話ではすまされません。

**図8－5　サーベイヤー３号からカメラを回収するコンラッド船長**　©NASA, Alan. L. Bean

１章で紹介したレーダーバーグが一九六〇年に危惧したのは、まさにこのことでした。本章で述べましたように、地球微生物の宇宙での生存可能性がよりわかってきた今日、これは真剣に考えなくてはいけないものです。

もうひとつの危惧は、宇宙にいる生物を地球に持ち帰ってしまった時、それが私たちの健康や、生態系に悪影響を与えないかというものであり、SF小説ではこのテーマはたびたび取り上げられています。その代表的なものとしては、一九六九年に発表され、一九七一年に映画化もされたマイケル・クライトン（一九四二～二〇〇八）の『アンドロメダ病原体』があげられます。この小説では、アリゾナ州の砂漠の村に人工衛星が落ち、それに付着した謎の致死性宇宙病原体を調べる科学者チームの活躍が描かれています。ここで登場する「病原体」は、有機物でできてはいますが、アミノ酸を全く含まないし、元素分析をしてもリンが全く検出されない、つまり地球生物型のタンパク質も核酸ももっていないという特異なものです。多くの作者がすぐに地球外生命に「DNA」を持たせたがるのに対して、クライトンの独自性が発揮されています。クライトン死後の二〇一九年には、ダニエル・H・ウィルソンとの共著として続編の『アンドロメダ病原体――変異』も出版されました。

### 惑星保護指針

国際的な、宇宙における微生物対策に関しては一九五七年のスプートニク1号打ち上げ前、一九五六年の国際宇宙航行連盟（IAF）の大会で議論が始まりました。スプートニクショックの後、一九五八年には米国の科学アカデミー（NAS）が、初期の月惑星探査が探査する天体に取り返しのつかない悪影響を及ぼしてしまう危険性を訴えました。これを受けて、国際科学会議（ICSU）は「地球外探査による天体汚染に関する特別委員会」を設立し、惑星探査機を滅菌することを推奨しました。この活動は国際宇宙空間研究委員会（COSPAR）に引き継がれ、惑星保護指針（PPP）とよばれる行動指針が継続的に議論されていくことになりました。一九六六年には国際連合において、いわゆる「宇宙条約」が採択されましたが、その第九条では惑星保護について述べられています。

ＣＯＳＰＡＲでは太陽系惑星探査をカテゴリー１から５までの五つに分類し、各カテゴリー毎にどのようにすべきかという指針を示していますので、まずはそれを紹介しましょう。ただし、それぞれの天体のカテゴリーがその後の研究により変更されることは十分にありえます。

カテゴリー１　化学進化過程や生命の起源の理解に直接的には関連しない天体へのすべてのミッション。太陽、彗星、イオ、Ｓ型小惑星（イトカワなど）がここに入ります。

カテゴリー２　化学進化過程や生命の起源に関して興味深い天体であり、探査機による汚染が将来の探査に影響を与える可能性が低いと考えられる天体へのすべてのミッション。木星の衛星カリスト、彗星、Ｐ型、Ｄ型、Ｃ型小惑星（リュウグウなど）、金星、カイパーベルト天体（サイズが冥王星の半分以下のもの）が該当します。ガニメデ、タイタン、トリトン、冥王星、カロン、カイパーベルト天体（サイズが冥王星の半分以上のもの）は暫定的にこのカテゴリーに入れられていますが、変更される可能性があります。また、月もカテゴリー２ではありますが、探査機が持ち込む有機物のリストを明らかにする必要があります。

カテゴリー３と４　探査機によって運び込まれた汚染物が将来の探査に重大な影響を与える可能性が高いと考えられる天体への周回ミッション（カテゴリー３）と着陸ミッション（カテゴリー４）。現時点での対象天体は火星、エウロパ、エンケラドゥスの三つですが、将来的にはタイタン、ガニメデ、トリトンなどがカテゴリー２からこちらに移る可能性も考えられます。

カテゴリー5　サンプルリターンミッションがここに入ります。つまり、他の天体上の物質や生命が人類や地球の生物圏に影響を与えるかどうかが問題となります。そのため、カテゴリー5は制約ありと制約なしの二つに分けられます。カテゴリー5（制約あり）は生命の存在の可能性が比較的高いと考えられる火星・エウロパ・エンケラドゥスの三天体（往路はカテゴリー4）からのサンプルリターンですが、タイタンなどが追加される可能性も考えられます。一方、現時点でカテゴリー5（制約なし）とされているのは月と金星からのサンプルリターンですが、金星に関しては見直されるかもしれません。他の天体についてはこれから議論されることになっています。

火星探査はカテゴリー3、4、および5（制約あり）に含まれますが、近年の火星探査の結果、火星上でもとりわけ生命が棲息しやすい地域があることがわかってきました（第4章）。具体的には液体の水が常にもしくは時々存在する場所で、そのような場所に地球の微生物を持ち込んでしまうと、そこで増殖した結果、火星環境を大きく変えてしまう恐れが生じます。そこで火星に関しては、そのような危険性を考慮して、着陸ミッションを4a、4b、4cに細分しています。4cが最も危険性の高いところで、例えばクレーターの内壁を液体の水が時折流れているると推測されている地域などが該当し、最も厳しい探査機の滅菌が要求されます。NASAのマーズ・サイエンス・ラボラトリー（キュリオシティ）は4a、二〇二〇年に火星着陸したマーズ2020（パーサヴィアランス）は4bに分類されました。パーサヴィアランスによって採取された試料を今後地球に持ち帰る場合はカテゴリー5（制約あり）となります。

### 往路ミッションの制限

探査機を天体に飛ばすとき、そのカテゴリーに応じて探査機を滅菌する必要が生じますが、これがなかなか難題です。一般に地球微生物を完全に滅菌するためには高温に熱するのが一番ですが、精密な電子部品を含む探査機全体を加熱滅菌することはできません。そこで、さまざまな薬品を用いた滅菌法が考案され、用いられています。また、探査機の組み立て作業などもクリーンルーム内で行い、完成した探査機に付着している微生物の密度を基準以下に抑える必要があります。

一方、土着の生命がいそうもない天体、たとえば月探査の場合はどうでしょうか。探査が順調に進み、目的の天体を周回したり、着陸できればよいのですが、予期せぬトラブルが起きることがあります。そこで、その探査計画で事故が起きた場合でも、火星などの惑星保護対象となる天体に間違ってぶつかるような確率が基準値以下であることを示すことが求められています。

日本は惑星保護に関して過去に苦い経験があります。日本初の火星探査機「のぞみ」が一九九八年、内之浦から打ち上げられました。火星の上層大気や磁気圏の探査が目的で、火星着陸の予定はなく、特に探査機の滅菌などは行っていませんでした。当初は一九九九年の火星到着を予定していたのですが、トラブルのため到着が大幅に遅れ、二〇〇四年の到着予定となりました。ところが、さらにトラブルがつづき、火星周回軌道に投入できる可能性は残っていたものの、それを実行するとなると、火星に衝突する確率が一パーセント以上になることがわかったのです。これは、国際的な惑星保護の取り決めから許されなかったため、軌道投入を断念せざるを得ませんでした。

惑星保護の重要性が認識される中、日本（JAXA）は二〇一八年一二月に惑星等保護体制を整備し、今後の探査における惑星保護活動を欧米と連携しながら進めていくことになりました。JAXAは二〇二一年現在、NASAのロケットに相乗りし、月着陸をめざすOMOTENASHI（おもてなし）や、周回しながら月探査を行うEQUULEUS（エクレウス）という小型衛星計画が進んでいます。対象が月なので惑星保護はあまり重要でなさそうに見えますが、様々なトラブルにより、間違って火星にぶつかってしまう確率が十分に低いことを証明する必要があります。また、月面に持ち込む有機物のリストを提出し、今後の月探査で検出されるであろう有機物の出所を明らかにする必要があるため、JAXA内での審査が進んでいます。

火星の場合は、地球微生物が生存可能な場所は局所的と考えられているため、これまではそのような場所以外への着陸ミッションが行われてきました。火星の生命、特に現在生存している生命の探査のためには、液体の水が存在しているような場所の近くへの着陸が必要となります。その時、探査機の滅菌や有機物除去は徹底的に行う必要があるでしょう。エウロパやエンケラドゥスでのような氷の下に棲息する生物の探査を行う場合、条件はさらに厳しくなります。地下海はつながっているため、一回の探査で地球の微生物汚染を起こしてしまった場合、その汚染が衛星全体に広がってしまう恐れがあるためです。地下海の海水の組成はまだ不明な点も多いですが、地球の微生物が生存できる可能性は高いと思っていた方がいいでしょう。惑星保護の重要性は今後、より高まると考えられます。ただ危惧されるのは、宇宙探査に乗り出す国が増え、また民間による宇宙旅行などが始まった時に、惑星保護の国際的な取り決めを遵守しない国や企業が現れることです。みなさんも民間宇宙旅行に参加する折には、決して禁止区域に立ち入ったり、ゴミを捨てたりしないでください。

## 地球外生命から地球を守れ

一方、サンプルリターンミッションでの惑星保護の対象となるのは惑星地球です。地球外生命の脅威ということでは、テレビ番組の『ウルトラセブン』（一九六七〜六八）、映画の『宇宙戦争』（一九五三、二〇〇五）、『インデペンデンス・デイ』（一九九六）などで描かれる地球外知性体（ＥＴＩ）の侵攻や、いわゆる『エイリアン』（一九七九）などの大型捕食動物の侵略が頭に浮かぶかもしれませんが、惑星保護では微生物（ウィルスなどを含む）の侵入がより差し迫った脅威と考えられています。

地球外微生物が侵入してきた場合、どのような問題が起こるでしょうか。ひとつは代謝に関わるもので、地球生物を「えさ」としたり、環境中の有機物を地球生物と奪いあうことにより地球生態系に悪影響を及ぼすことです。地球外生物も炭素を基盤としており、またアミノ酸を使っている可能性が高いため、そのような微生物にとっても地球上の生物や有機物を捕食することは可能でしょう。ただし、地球生物は地球環境に存在する有機物（他の生物を含む）の利用に特化して進化してきたため、地球外生物が地球在来種よりも効率的に地球有機物を利用できる可能性は低いでしょうが、ゼロではありません。

より大きな問題と考えられているのは、地球生物への感染です。二〇一九年に始まった全世界的な新型コロナウィルス（COVID-19）のパンデミックでもわかりますように、ひとたびヒトに感染するウィルスが蔓延した場合の脅威は、人類の生存を脅かす最大のもののひとつといえましょう。これまでペスト、コレラ、スペイン風邪（インフルエンザ）などの大規模な流行により、感染が広まった地域の人口の数十パーセントの人々が亡くなった事例が多く存在します。エボラウィルス、エイズウィルス（HIV）など、二〇世紀になってから見つかったものは、人類の生活圏の拡大により、人類が新たに遭遇したものでした。そのため、発見初期にはウィルスに関する情報がほとんどなかったために、その感染防止法、治療法を見つけるのが極めて困難でした。地球外から、ヒトや他の地球生物に感染可能な細菌やウィルスのようなものが入り込んできた場合にどのようなことが起きるかは全く不明ですが、最悪の事態を想定しておく必要があります。

仮にウィルスのようなものを考えた場合、宇宙からもたらされた「宇宙ウィルス」が地球生物に感染するのは、宇宙ウィルスと地球生物が同じタイプの生命、すなわち、同じような核酸やタンパク質を使っている場合です。生命の起源を考えた場合（第2章参照）、宇宙には様々な生命形態があり、他の惑星で誕生した生命が地球のものと全く同じ生命原理のものである可能性は極めて低いと考えられます。RNAとは異なる遺伝システムの生物やウィルスが地球生物に感染することはまずないでしょう。しかし、太陽系内に存在する生物を考える場合、本章の前半で議論したように、微生物の惑星間移動の可能性が否定できないとなると、地球外生物と地球生物が同じ祖先から分かれた可能性が考えられます。地球生物の故郷が火星だと考えている科学者がいるという話は前に紹介しました。そうだとしますと、火星微生物や火星ウィルスがDNA－RNA－タンパク質という地球生命の基本的原理を共有していると考えられ、その場合、地球生物に感染する可能性が考えられます。私たちは、そのような火星生物・ウィルスに対する抗体を全く持たないため、いったん感染すると、凄まじい勢いでパンデミックを引き起こす可能性が考えられます。

一方、細菌のような微生物の場合は、生命の基本的システムが多少異なっても生体内で増殖できる可能性がありますので、感染のリスクはウィルスよりも高いでしょう。ウェルズの『宇宙戦争』では、地球にやってきた火星人が地球の微生物に感染して地球侵攻が失敗してしまうという結末でした。このケースでは、二つの星の生命システムが同一であった(つまり、共通の祖先を有した)とは限らないことになります。

さらには、地球微生物が宇宙にいったん脱出し、その後地球に戻ってくる、ということも考えられます。隕石衝突や火山、スプライトなどの放電現象といった自然現象に加え、ロケットに付着した微生物が里帰りする可能性は十二分にあります。二〇二一年現在、一一の国(ロシア、米国、フランス、日本、中国、英国、インド、イスラエル、ウクライナ、イラン、北朝鮮)およびEUがロケットを宇宙に飛ばす能力を持っており、その中で日米欧などはCOSPARの惑星保護指針を遵守し、互いに検証しあう立場を取っていますが、そうでもない国も存在します。かなりの数の地球生物がロケットに付着するなどして宇宙旅行をしているのは間違いありません。二〇一九年にイスラエルが打ち上げた月着陸探査機ベレシートには、クマムシの「樽」やヒトの血液などが搭載されていました。着陸は失敗しましたが、月面に衝突した探査機に積まれたクマムシが生きのびている可能性も考えられます。宇宙環境は紫外線や宇宙線が強く、遺伝子の変異が起きやすい環境です。宇宙環境耐性のある微生物やウィルスが変異を受け、感染力を得たり、感染力を強めた後に地球に戻って来ることも想定しなければなりません。

これまでに行われた地球外天体からのサンプルリターンは、月（ＮＡＳＡのアポロ11、12、14～17号、ソ連のルナ16、20、24号、および中国の嫦娥（じょうが）5号）、彗星（スターダスト）、小惑星（はやぶさ、はやぶさ2）によるものであり、その嚆矢はアポロ11号でした。一九六九年のアポロ11号帰還当時は、月に生物がいないという保証はなく、惑星保護の立場から、月から持ち帰られた月の石試料はクリーンルーム内に隔離され、宇宙飛行士たちも三週間隔離されました（第1章）。月に微生物がいる可能性が極めて低いことがわかり、アポロ14号以降、月からの帰還時の防疫措置は緩和されました。

たんぽぽ計画でも、宇宙塵上で生存する微生物が捕集される可能性があります。これが特に惑星保護指針上問題とならなかったのは、宇宙を飛び回っている塵は意図して持ち帰って来なくても、すでに毎年大量に地上に降り注いでいるためです。

さて、これからいよいよ火星からのサンプルリターンが計画されるわけですが、その場合は月・彗星・小惑星からのカテゴリー5（制約なし）ではなく、カテゴリー5（制約あり）の条件をクリアする必要があります。とりわけ、今でも水が存在する可能性のある火星の特別地域（往路ミッションではカテゴリー4c）からの場合、とりわけ注意する必要があります。ＮＡＳＡはマーズ２０２０の着陸地点を選ぶ際に、特別地域をあえて外してカテゴリー4bとすることにより、将来、そこで集めた試料を地球に持ち帰る場合のハードルを下げています。

今後のサンプルリターンの中で特殊な位置を占めるのが、日本の火星衛星探査（ＭＭＸ）計画です。予定では、二〇二四年に打ち上げられ、翌年に火星周回軌道に入ります。その後、火星の二つの衛星フォボスとデイモスを探査し、いずれかの衛星(おそらくフォボス)に着陸してその試料を地球に持ち帰る計画です。火星衛星への探査は、これまで一九八八年にソ連が探査機を打ち上げたフォボス計画、ロシアが二〇一一年に探査機を打ち上げたフォボス・グルント計画がありましたが、いずれも失敗に終わっており、成功すれば世界初となります。フォボスとデイモスは衛星としてはかなり小さく、その起源としては火星に捕らえられた小惑星であるとする説、小天体の衝突により火星物質が巻き上げられてできたとする説などがありますが、まだよくわかっていません。

火星衛星は液体の水は存在しないと考えられているため、独自の生命が存在するとは考えにくいのですが、サンプルリターンをする場合、カテゴリー5(制約あり)になる可能性が浮上しました。それは、フォボスが火星表面から六〇〇〇キロメートルくらいしか離れていないため、火星に隕石が衝突した時、火星物質がフォボスにまで到達する可能性があるためです。火星には生きている微生物が存在する可能性がある以上、フォボスにもそれが到達していることを想定しなくてはなりません。このため、COSPARの惑星保護指針に基づいた国際審査が行われました。探査チームはもし火星からフォボスに到達した物質の中に生きた微生物がいたとしても、フォボス環境で長期間生存できる確率が極めて低いことを計算で示し、結果的に、MMX計画はカテゴリー5(制約なし)として進めることが可能となりました。もし、カテゴリー5（制約あり）となった場合、機体の滅菌や、帰還した試料の扱いが大きく異なることになるため、日本（JAXA）の予算でまかなえなくなる可能性がありました。

太陽系生命探査の本丸は、火星のほか、木星の衛星エウロパと土星の衛星エンケラドゥスです。エンケラドゥスの場合、氷の割れ目から水・有機物・シリカを含むプルームが噴き出していることがわかっており、このプルームの中を探査機が突っ切って、そのサンプルリターンを行うことが検討されています（第5章）。これが実際に実施されるとなると、エンケラドゥスで生物が棲息する可能性があると考えられている以上、カテゴリー5（制約あり）となるため、生命探査と惑星保護をどのように両立させるかが重大な問題となるでしょう。また、エウロパの場合は、氷の下の海水中の生命探査をいずれ行うことになるでしょうが、厚い氷をいかに掘削するかという技術的な問題に加え、探査機についた地球生物がエウロパの海水を汚染させないための工夫が極めて重要になります。南極の氷の下のヴォストーク湖の探査の時にも大きな問題となり、国際的に大きな議論を呼びましたが（第5章）、この時はまだヴォストーク湖の生態系だけの問題でした。エウロパの場合、地下海は全球的につながっていると考えられるため、一回の汚染ですべてを台無しにしてしまう可能性もあるのです。

# 第９章
# 地球外生命から考える人類のルーツと未来

## 生命の起源再考

第2章で述べましたように、もし地球生命の起源が三八億年ほど前に一度きりしか起きなかったものだとしたら、生命起源の検証は極めて難しい、というよりはほぼ不可能といってもいいでしょう。生命の起源にいたる化学進化を考える時、これまでの多くの研究は、現在の地球生命システムをゴールとして、そこにいたる経路を考えるものがほとんどでした。つまり、タンパク質と核酸（DNA、RNA）をベースとする地球生命システムを究極のゴールとする考え方であり、言い換えれば一回きりの「生命の起源」を探る試みです。この場合、タンパク質や核酸を一から組み立てていく作業が必要となります。とりわけ、現在主流となっているRNAワールドに至る道を考えようとしますと、ヌクレオチドという複雑なモノマー（高分子を構成する単位となる分子）を海水中や陸上温泉や潮だまりなどで作らなければなりません。ヌクレオチドを「原始地球上で生成可能な分子」から合成した、という報告が二一世紀になってからいくつか報告されています。たしかに、原始地球上に少しくらいあってもいいような単純な分子だけを使ってはいるのですが、高濃度で、かつ反応を邪魔するような他の分子は全く加えず、反応条件（pHや温度など）を細かくコントロールした結果、ヌクレオシドやヌクレオチドができたというものです。試験管の中ならともかく、とてもではないですが原始地球上で起きたとは考えられないものばかりです。

また、触媒分子としてはタンパク質の方がRNAよりも簡単にできると考えられています。アミノ酸は原始地球や宇宙環境でも比較的簡単にできる分子ではありますが、アミノ酸をでたらめにつないでも触媒となるようなタンパク質ができるとは限りません。よくいわれるたとえですが、チンパンジーがでたらめにタイプライターをたたいて、シェイクスピアの戯曲を書きあげる確率は極めて低いのです。原始スープの中にアミノ酸が二〇種類しかなかったとしても、一〇個のアミノ酸が正しく並ぶ確率は$\frac{1}{20^{10}}$で約一〇兆分の一、一〇〇個だと約$\frac{1}{10^{130}}$となりますが、これでは観測可能な宇宙に存在する原子数（およそ$10^{80}$）を考えても、特定の配列のものが偶然できてしまう確率はほぼゼロといっていいでしょう。これらの議論は、地球の生命システムが至高のもので、化学進化はその一点をめざさないといけないという思い込みから来るものです。このように考えると、生命が誕生する確率は非常に低く、地球で生命が誕生したのは、さまざまな偶然が重なったためということになります。当然、地球以外の天体に生命が存在する可能性は極めて低くなるでしょう。

第2章で紹介したゴミ袋ワールドやがらくたワールドの場合は、まずは非常に性能や効率の低いシステムができ、そこから選択と変異（進化）により徐々に優れたシステムに移行したと

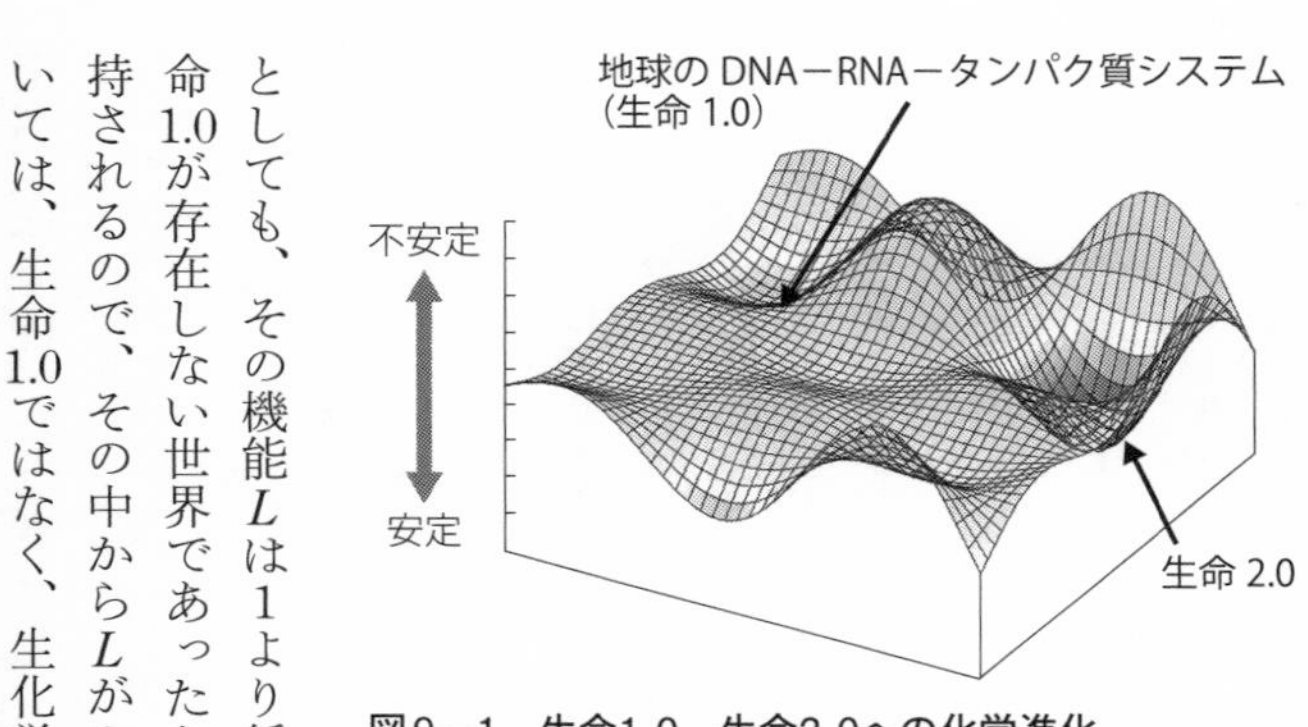


**図9－1　生命1.0、生命2.0への化学進化**

考えます。そして、とりあえずその当時の地球環境に適応して他のものを圧倒できたシステムが生き残ったとすれば、生命の誕生は必然となります。図2－10では、化学進化によって、徐々に生化学機能$L$が上昇していくというようすを単純化して示しました。これを少し別の形に直したのが、図9－1です。ここでは進化は曲面で表されており、窪んでいるところがより安定な（生化学機能の高い）システムです。地球の場合は、化学進化が曲面上をころがり、やがて「生命1.0」と書いたところに落ち着きました。地球生命の共通の祖先（コモノート）以降、私たち人類にいたるすべての地球生命は、この窪みの底に居続けてきたわけです。このシステムは地球環境に適応したものであり、仮に生命1.0とは異なる生命システムが現在の海底熱水系で誕生したとしても、その機能$L$は1より低いため、生き抜いていくことは困難です。しかし、もし、生命1.0が存在しない世界であったとしたら、まずは$L=10^{-10}$のような極めて低い機能の生命でも維持されるので、その中から$L$がより大きいものへと進化できるでしょう。また、別の天体においては、生命1.0ではなく、生化学機能的にはほぼ同じながら別の形態の生命、生命1.1が誕生したかもしれませんし、さらにはより優れた機能をもつ生命2.0が誕生し、そこから生命進化が起きているかもしれません。化学進化は、生命1.0の窪みをめざして一直線に進んできたのではないのです。

## 生命起源と進化のタイムスケール

生物進化に関しても同様のことがいえますので、図9－1の化学進化の図は生物進化にも使えるでしょう。図9－1の「生命1.0」の窪みを現生人類（ホモ・サピエンス）とすると、これまでの生物進化がこの窪みを目指して一直線に進んできたわけではないのです。旧来の生物種の中から変異によって生じた新しい種が、その時の地球環境の変化に対してより良く適応できたとするならば、より安定な新たな窪みとなるでしょう。それぞれの窪みの深さは絶対的なものでなく、でこぼこの進化曲面の形も環境の変動によって変化していきます。第3章でみたように、全球凍結や隕石衝突などによる環境の激変に伴う大量絶滅の後、真核生物の誕生、多細胞生物の激増、哺乳類の繁栄などという進化の新たな地平が開かれた可能性が考えられます。

ということは、生命の進化の速度は、この進化曲面が大きく揺らぐことにより加速されると言えそうです。また、その進化曲面のゆらぎにより、進化の方向は大きく変わります。もし、六五五〇万年前の隕石衝突がなければ恐竜の絶滅はなく、哺乳類は生態系の頂点に立てなかったでしょうし、その後の人類の誕生もなかったはずです。その場合は、非主流派の恐竜の中から、腕力だけでは生き抜くことができなかったために脳が発達したものが出てきたかもしれません。

しばしば、地球で人類のような知的生命までの進化が可能だったのは、安定した環境が長く続いたためという議論がなされています。たとえば、地球には月があり、これによって地球への隕石衝突の頻度が低くなったり、地軸の傾きの変動が抑えられたため、月がなければ知的生命への進化はなかったというようなことがいわれたりします。月の有無で地球環境の進化は影響を受けるため、月がなかったら「人類」の誕生がなかったのは確かでしょう。しかし、これによって知的生命への進化がどうなったかは不明です。逆に、環境が本当に安定に保たれた天国のような惑星においては、進化を促進するようなイベントが起きず、生命が誕生してから何十億年たってもまだ単細胞の原核生物のようなものしかいない可能性があります。

一般的に温度が高いと化学反応が速くなるため、進化も速まるでしょう。放射線が強い方が変異の起きる確率が高まるため、進化は速まります。木星の衛星エウロパの地下海に生命が誕生していたとして、その水温は〇℃前後と低温なので、生物進化は地球よりは遅い可能性があります。しかし、エウロパは木星の磁気圏による強い放射線に曝されており、これにより反応性の高い酸素が地下海に供給されるため、これが進化に影響するかもしれませんし、他方、海底では熱水噴出孔などの水温が高いところもあるので、一概に進化が遅いと決めつけることはできません。

地球の誕生から生命の誕生までに八億年ほど、知的生物である現生人類への進化までには四六億年近くかかったと考えられています。これらのタイムスケールがなんとなく宇宙での標準であるかのように議論されがちですが、それは正しくないでしょう。生命が誕生する前の単なる有機物の状態だと、有機物の分解速度を考えると何億年どころか数万年くらいの時間でも単なる有機物を保存、蓄積しながら、化学進化を進めることは不可能です。アミノ酸は比較的水溶液中で安定と考えられていますが、それは低温の場合で、想定されている熱い環境では不安定です。糖やヌクレオチドとなると、常温でもすばやく分解してしまいます。生命の誕生は、それが可能な環境が得られた時に速やかに起きたに違いありません。地球の場合は、後期隕石重爆撃期という環境擾乱期が収まり、安定な海洋が得られた時、それを待っていましたとばかりにすばやく誕生したのではないでしょうか。また生物進化のスピードは、その惑星の環境やその変動率により何桁も変わると考えられるため、一〇億年足らずで知的生命に進化した惑星や、五〇億年たっても単細胞生物しかいない惑星もあるでしょう。中心星が寿命の長いM型星なら、進化のために一〇〇億年以上の時間が与えられていますので、中心星から離れた冷たい惑星や衛星でゆっくりとした進化が起きているかもしれません。

　進化のスピードが大きく違うのに加え、進化の出発点、つまり惑星や生命の誕生時期もさまざまです。今から一〇〇億年以上前に誕生した生命や、たった今、誕生したばかりの生命もいるでしょう。ということは、今現在、地球外生命の進化の段階は本当にさまざまであると推定できます。SF映画などで、よく惑星間戦争が描かれます。多くの場合、地球よりほんの少しだけ文明の進んだETIが攻めてくるというプロットですが、けんかになる程度に戦力が近い可能性は極めて低いといっていいでしょう。地球人同士の戦争でも、第一次世界大戦当時の軍隊は、一〇〇年後の二一世紀の軍隊には全く歯がたたないでしょう。わざわざ太陽系外から地球まで来るとしたら、このレベルの差は何万年分以上と想定されますので、最初からけんかにはなりませんし、けんかをしようとも思わないでしょう。

## ETIの目は二つ？

ETIはどのような姿をしているでしょうか。SF映画などでは、もともと着ぐるみが用いられることが多かったので、ヒトに近い、手が二本、足が二本、頭が上部にあり、そこに目が二つあることが多いようです。近年はCGが使えるので、それほどヒト型にこだわらなくてもいいように思いますが、『エイリアン』のようにかなりグロテスクにデフォルメしていても基本形はそれほど変わっていません。地球での生物進化では、海中で暮らしていた魚類が、浅瀬でも暮らすようになり、さらに陸上に進出する時にヒレが四肢となったようです。このため、両生類以降の脊椎動物は基本的に四本の足をもちます。ヒトなどの一部の動物は立ち上がる時に前肢を手として使うようになりました。ただ、陸上生活を送るものの中でも昆虫などは六本足ですし、より多くの足をもつものもあるので、ETIが手を何本、足を何本もつかを決めつけない方がいいでしょう。

目はどうでしょう。ヒトや他の地上生物の多くは、太陽がG型星で、可視光を強く出し、また地球の大気が可視光に対して透明なので、可視光領域での視覚が重要です。しかし、鳥類、爬虫類、昆虫などは紫外線も見えますし、ヘビはピット器官で赤外線を感じ取ることができるので、中心星の発光領域や大気の透明性などにより、どの波長の光を「見て」いるかも星それぞれでしょう。例えば、宇宙に多く存在する小型のM型星は主として太陽よりも長波長の光を出すため、その惑星系の生物は赤外線領域の光が見えるでしょう。一方、エウロパのような地下海では中心星のタイプによらず、可視光は届きません。熱水系などの熱源があれば、そこで赤外線が発生するため、それを検知するような目を獲得している可能性が考えられます。また、そのような暗い環境では光の代わりに、コウモリやイルカのように音波を使う生物も想定されます。

目の数は、立体視するためには最低二個は必要です。地球の脊椎動物は、カンブリア大爆発期に捕食生物が現れたのを契機として目を獲得し、そこから進化した動物は二個の目をもつものが多いようです。ただ、カンブリア期のオパビニア（第3章参照）は五個の目をもって海底で棲息していました。二個の目だと前方しか見えませんが、五個あれば首を回さなくても四方が立体視できるので、私は二個よりも良いように思いますが、地球ではオパビニアの子孫は残っていないようです。

## ETIは右利き？

地球の現生生物は、基本的に左右対称形をしています。これも左右対称な祖先から綿々と進化してきたからでしょう。エディアカラ期のトリブラキディウムのように左右対称でなく三回回転対称の生物（第3章）もいるにはいますので、星によっては進化のいたずらでそのような生物が選択されれば、子孫もそのような形を継承しているかもしれません。

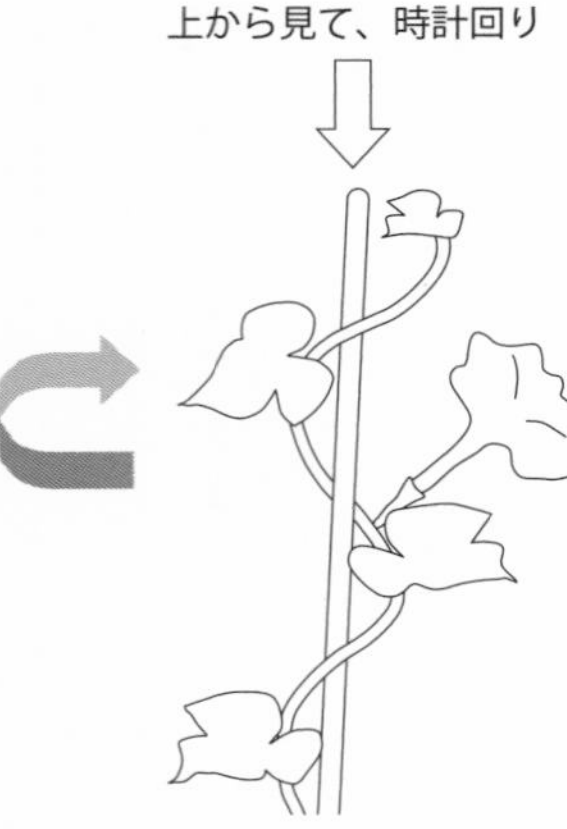

**図9－2　自然界の非対称　アサガオのつる**

もしETIが左右対称で、二本の手をもつ場合、私が興味があるのは、利き手があるかということです。地球人の場合、九割ほどが右利きです。この非対称性はどこから来るのでしょうか。現在の定説は、ヒトの左脳が言語や論理など、より知的な活動を司っていることに由来する、というものです。ヒトの左脳は右半身の、右脳は左半身の運動をコントロールするため、右利きが有利になったそうです。ただ、これで納得してもらっては困ります。なぜ、言語を扱う部分が脳の左側にあるのでしょうか。どうもヒトに限らず、カエルなどの他の脊椎動物にも左脳・右脳の違いがあるようです。

生物は基本的に対称といいましたが、朝顔のつるの巻き方などは対称ではなく、上から見ると時計回り（伸びる方向は反時計回り）になる（図9－2）など、非対称の部分もあるようです。さらに細かくみていくと、DNAのらせんは右巻きで、タンパク質の二次構造（α－ヘリックス）の向きも右巻きに決まっています。これらは、DNAやタンパク質に使われている糖やアミノ酸がキラルな（非対称の）分子であることに起因しています。ということで、分子構造と脳の構造の間に説明できないブラックボックスがあるものの、ヒトの右利きの遠因は左手型（L型）アミノ酸を使うことから来ているのかもしれません。そして、地球生物が左手型アミノ酸をなぜ使うようになったかは生命の起源研究における最大の謎のひとつです（第2章、第4章）。

### 左手型アミノ酸を使うようになった理由

第2章の図2－6（42ページ）に示したように、グリシンを除くタンパク質アミノ酸には左手型と右手型があり、その化学的な性質はほぼ同じであるため、化学的にアミノ酸を合成しようとすると両者が等量混じったものができます。しかし、地球生物は基本的に左手型アミノ酸のみを使ってタンパク質を作っており、それは共通の祖先以来、変わっていません。左手型と右手型を混ぜてつなげた場合は、タンパク質のように機能をもったものはできません。しかし、右手型のみをつなげても機能をもったタンパク質はできますので、地球外生命がアミノ酸を使っている場合、地球と同じように左手型のみを使っているか、逆に右手型のみを使っているかのどちらかのはずです。

地球で左手型アミノ酸を使うことになった原因としては、左手型の方が多く地球環境に供給されたことによる、とする仮説がありますが、その理由としてはさまざまなことが考えられてきました。とりわけ、一九九七年に隕石中のアミノ酸の一部に左手型アミノ酸が右手型よりも若干多いことが報告されたことから、このような地球外のアミノ酸の偏りが種となって、地球上の左手型アミノ酸が増殖して、生命の素になったという仮説が有力視されるようになりました。

では、なぜ、宇宙で左手型が多くなったのでしょうか。現時点でもっとも人気があるのが、円偏光という特殊な光に由来するというものです。光は波としての性質を持ちますが、光の波がある平面上でのみ振動するものを直線偏光といいます。この直線偏光の波の面が進行方向に向かって右、もしくは左に回転するものを円偏光といいます（図9－3）。つまり、円偏光には右円偏光と左円偏光があるわけです。そして、このような円偏光はアミノ酸のような非対称な分子に対して特殊な効果を与えることが知られています。例えば、紫外線などの光はアミノ酸を壊すことが知られていますが、右円偏光が左手型のアミノ酸と右手型のアミノ酸双方に働いた時に、一方をより多く壊す可能性が知られています。そして、この円偏光が宇宙のある領域で実際に広がっていることも観測されており、原始太陽系全体がこの領域にはまっていた可能性もあるといわれています。そこで、この円偏光の働きにより太陽系周辺に存在したアミノ酸のうち左手型アミノ酸が右手型よりも多くなり、それが隕石などで地球に降り注いだのでは、という説が提案されています。これが正しいとした場合、おそらく、火星生物も左手型アミノ酸を使っているでしょう（第4章）。しかし、太陽系を覆っていた円偏光が右左どちらだったかは五分五分であり、太陽系生物のアミノ酸が左手型になったのはある意味、偶然ということになります。別の星系の生物が使うアミノ酸が左手型か右手型かも五分五分ということになります。

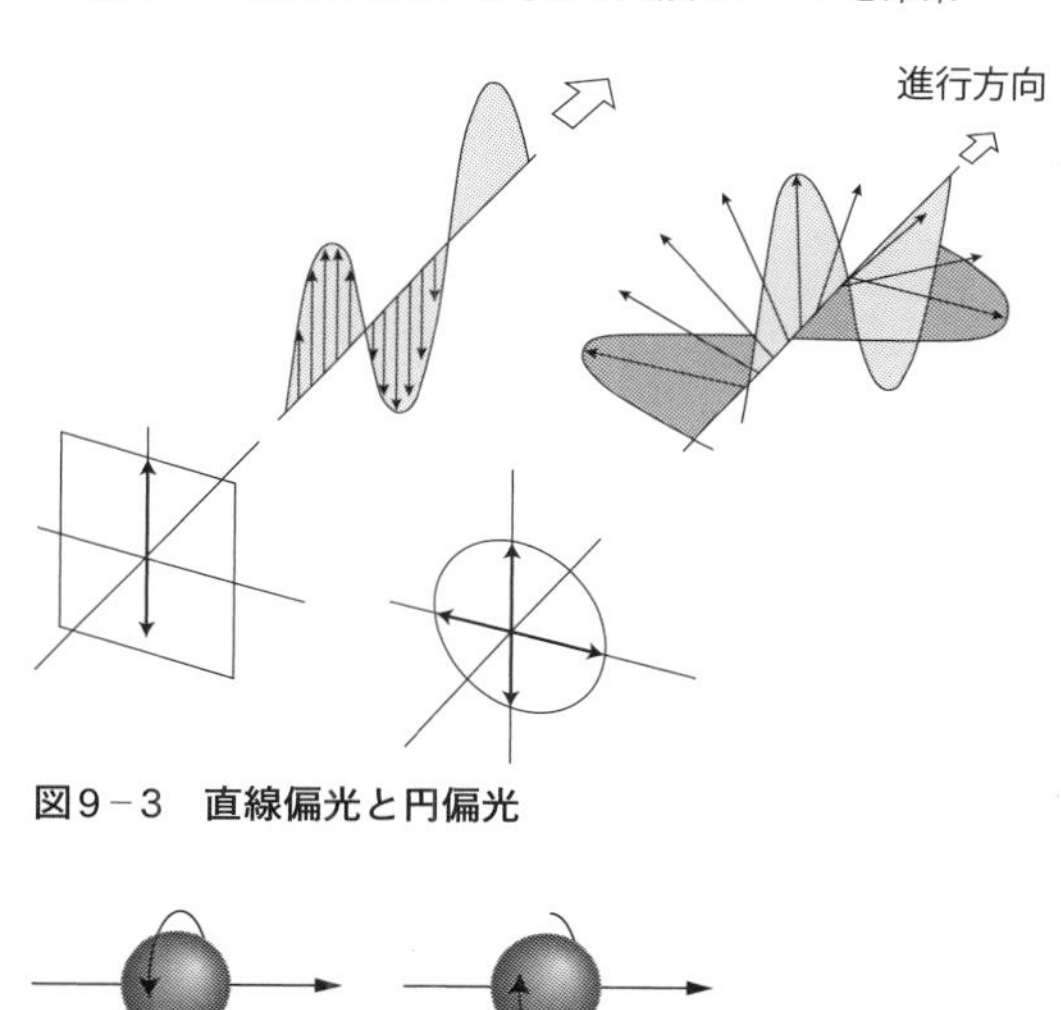


**図9－3　直線偏光と円偏光**

**図9－4　右巻きスピン（左）と左巻きスピン（右）**

物理屋は偶然ということばを嫌います。そこで必然的に説明できるシナリオも提案されました。私たちの宇宙（ユニバース）では物理現象は共通ですが、その物理現象のなかに左右対称でないものがいくつかあります。電子はスピンしている（コマのように回っていると想像してください）が、その向きに右巻き、左巻きがあります（図9－4）。ところが原子が電子を放出して他の原子に変化（β壊変）するとき、その電子は必ず左巻きであり、これは宇宙の対称性が破れていることに由来します（「弱い相互作用によるパリティ非保存」といいます）。この時に放出された左巻き電子がアミノ酸のような非対称の分子に対して円偏光と同様の働きをするのでは、と考えられています。もし、それが地球で左手型アミノ酸を使う原因だとしたら、私たちの宇宙内では、たとえそれが二五〇万光年離れたアンドロメダ銀河だろうが、一三四億光年離れたGN－z11銀河だろうが、そこでアミノ酸を使う生物がいれば、地球と同じ左手型を使っている可能性が高いことになります。

## ＥＴＩに聞きたいこと

太陽系内の生命探査（第4～6章）の大きな目的のひとつに、生命の起源の謎を解く鍵を探すというものがありました。地球上では残っていない、生命誕生前後の物質が残っている天体があるかもしれません。また、地球と異なる生命システムをもつ第二、第三の生命が見つかれば、それと地球生命システムとの比較をすることにより、地球生命一種類しか知らない場合よりもはるかに多くの化学進化に関する情報が得られるはずです。

一方、太陽系外生命探査の場合、間接的な生命存在の証拠（大気中の酸素やレッドエッジなど）が得られることは期待されますが、遠方の惑星の生命システムまで望遠鏡で探るのはなかなか難しいでしょう。そうなると、唯一期待できるのはＥＴＩに話を聞くことです。第7章でみた、ETI探し（SETI）が進み、次の段階のETIとの交信（CETI）が可能となったとします。その場合、何を話し、何を聞きましょうか。私は、相手方が地球よりも遥かにすすんだ科学文明を持っているならば、ぜひとも宇宙の起源や生命の起源について、どこまで解明しているか、またどのような生命システムを用いているかを聞いてみたいと思います。地球と同じようにタンパク質や核酸を用いていますか。タンパク質を用いているとして、何種類のアミノ酸を用いていますか。そして、それは左手型なのですか、右手型なのですか。

ここで、みなさんに考えてもらいたい問題があります。ETIに右と左をどのように説明したらよいでしょうか。日本人同士でしたら、右利きの人がお箸をもつのが右手でいいのですが、フォークとナイフを使う民族だと別な言い方になるでしょう。ETIがお箸やナイフを使っているかはわかりませんし、手が二本とも限りません。アミノ酸の構造を使って聞くにしても、相手が右手型、左手型のどちらを使っているかがわからないので、これもダメです。となると、残された方法は、前に述べた物理学的な宇宙の非対称性（これはわがユニバースで共通です）を題材として話を進めるしかなさそうです。

SF小説では、ETIが電波で彼らの進んだ技術を地球に送ってくるという話があります。たとえば、カール・セーガンの小説『コンタクト』では、ヴェガまでの超遠距離移動装置の設計図が送られてきました。このような物理学に基づくものはわが宇宙共通なので、情報の送信は可能でしょう。また、天文学者フレッド・ホイルが作家のジョン・エリオットと共作した小説『アンドロメダのA』（一九六二）では、ETIはまず、新型のコンピュータの設計図を送ってきて、それを地球人に作らせます。そのコンピュータを使って人類の情報を集め、その情報をもとに地球人がDNAを使っていることを知り、次にDNA配列を指示して新たな生命体を作らせます。DNAの構造がわかったのが一九五三年なので、DNAから生命体を作るというのは当時としてはかなり斬新なアイディアでした。なお、同様のアイディアの映画に『スピーシーズ　種の起源』がありますが、ここではETIからいきなりDNAの塩基配列が送られて来て、その情報を地球人の遺伝子に組み込んだハイブリッドを作ってしまうというストーリーです。地球人がDNAを使っていることをETIが知っている（つまり、このETIもDNAを使っている？）としているところは勇み足でしょう。一方、地球から宇宙に向けて発信したアレシボメッセージ（第7章）では、かなり苦労して、地球生命が四種の塩基（A、C、G、T）を用いた二重らせん分子を用いていることを伝えようとしています。

われわれは電波を使い始めてまだ一〇〇年ちょっとの新米電波文明ですが、応答してくれる相手は、われわれよりもはるかに先輩の文明である可能性が高いのです。そこで、ETIに聞きたいこと、その最右翼は、彼らがいかにして文明を長続きさせているかということです。

## 破局噴火――人類への脅威（1）

ドレイクの式で、私たちが電波で交信可能な文明の数$N$を推定する時、その$N$の大小を決める最大のパラメーターは$L$、つまり電波を使う文明の持続年数でした。次にばらつきの大きいパラメーターは、誕生した生命が知的生命にまで進化する確率$f_i$であり、人により何桁かの違いがでそうですが、$L$は超悲観主義者、すなわち、今世紀中にでも私たちは絶滅してしまうかもという二〇〇年くらいの数字から、地球の終わる時まで地球を支配できるのではという超楽観的な五〇億年くらいの数字まで、大きくばらつきそうです。ここでは、まずは過去の地球での大量絶滅を乗り切れるか、というところをまず考えていきましょう。

日本に暮らしていて、まず最も脅威に感じるのが大地震です。東海地震などは、一〇〇～一五〇年周期で起きるため、様々な文献に記録されており、それに対する備えも喧伝されています。しかし、その周期が長くなると、多くの人の記憶に残らなくなります。二〇一一年に起きた東日本大震災は、「想定外」と言われましたが、ほどなく、一〇〇〇年以上前の貞観(じょうがん)一一（八六九）年に、同様な地震が起きて大津波が起きた記録が残っていたことがわかりました。しかし、その不都合な事実は人々、とりわけ為政者たちからは無視し続けられました。

大地震や大津波は、現在の地球上では日本のようなプレートの境目に位置する地域では最大級の災害ですが、そうでない地域ではあまり脅威とは思われていません。少なくとも近い将来、人類全体の滅亡の直接的な原因とはならないでしょう。それに対して、火山の脅威は、日本の多くの人々にとっては地震の脅威よりも小さいものだと思います。しかし、人類史を調べることにより、火山活動は人類全体の生存にとって大きな脅威となりうることがわかってきました。

日本でも七三〇〇年前、南九州で「カルデラ噴火」とよばれる最大級の噴火が起きました。地下のマグマが地上へ一気に噴き出すもので、破局噴火とも呼ばれますが、その時に鹿児島県・薩摩半島の五〇キロメートル南の沖に直径二〇キロメートルの鬼界カルデラができ、火山灰は東北地方にまで達しました。この噴火で九州南部の縄文人が絶滅し、照葉樹林も壊滅したそうです。このレベルの破局噴火は七〇〇〇〜一万年に一度起きたことがわかっており、今後も起きる可能性があります。早期の予知と対策（原発の完全停止など）が必須です。

地球全体ではこれよりもさらに規模の大きいものも知られており、インドネシア・スマトラ島のトバ火山が七万年前に起こした破局噴火はトバ事変と呼ばれています。この噴火のため、当時、数百万人いたとみられる人類が一万人程度にまで激減したことが、現在の人類のDNA解析から推定されています。この時、現生人類（ホモ・サピエンス）とネアンデルタール人以外の人類は絶滅したとされています。もし、この噴火がさらに大きければ、ホモ・サピエンスも絶滅していたかもしれません。

さらに遡れば、二億五〇〇〇万年前、古生代（ペルム紀）末の顕生代最大の生物大量絶滅（属数で約八割が絶滅）は、スーパープルームに由来する最大規模の火山噴火に由来したとの説が有力視されています（第3章）。この時、パンゲア超大陸形成にともないマントルスーパープルームが起き、まずは噴煙により気候寒冷化が起き（火山の冬）、その後、火山から大量に噴出したメタンや二酸化炭素などの温暖化ガスによる温暖化や酸素濃度低下など、様々な環境変動が大量絶滅を引き起こしたと考えられています。同様な規模のスーパープルームは、数億年後に次の超大陸が形成される時に起きるかもしれません。

## 隕石衝突と超新星爆発――人類への脅威（2）

ペルム紀末の大量絶滅とならび、むしろ私たちがより関心を持っているのが六五五〇万年前、中生代（白亜紀）末の恐竜を一掃した大量絶滅でしょう。五大絶滅の中で最後のものであることから、最も研究が進んでおり、ユカタン半島付近に直径一〇キロメートル超の巨大隕石が落下したことが引き金となったことが広く認められています。この時生成したクレーター（チクシュルーブ・クレーター）は直径一六〇キロメートルで、古生代以降にできた現存するものとしては最大です。衝突そのものによる衝撃波や津波に加え、衝突により巻き上げられた塵により太陽光が遮られる「衝突の冬」をはじめとする、一連の気候・環境変動により地球生態系が甚大なダメージを受けたとされています。

隕石や彗星の衝突がまた起きるのは間違いないでしょう。二〇一三年にロシアに落下した「チェリャビンスク隕石」は回収されたものはわずかで、もとの隕石も直径数メートル程度の小さなものでしたが、それでも衝撃波などにより被害が生じました。SF映画においても現在や近未来での隕石・衝突は繰り返し取り上げられており、『ディープ・インパクト』（一九九八）や『アルマゲドン』（一九九八）などが有名です。最近では『グリーンランド――地球最後の二日間』(二〇二〇)も公開されました。今後の巨大隕石や彗星の衝突の可能性を事前に察知し、対策を取れるようにするための活動が「スペースガード」で、地球近傍を回る小惑星を発見し、その軌道から地球への衝突確率を計算するものです。国際天文学連合の議論から一九九六年にNPOのスペースガード財団が設立され、それとの協力のもと、各国で活動が行われています。日本でも一九九六年に日本スペースガード協会が設立され、さらに二〇〇一年には スペースガード専門の観測施設「美星スペースガードセンター」が岡山県に作られました。

これらの活動により小惑星衝突の可能性を伝えるニュースが時々流されます。例えば、二〇一八年、NASAは小惑星ベンヌが二一三五年に衝突する可能性があることを発表しました。ベンヌは直径五六〇メートルのB型小惑星で、NASAの小惑星探査機オサイリス・レックスによりサンプル採取が行われました。現時点で二三〇〇年までに衝突する確率は〇・〇五七パーセントと見積もられており、そのサイズからもし衝突しても全地球的な被害とはならないとされていますが、もしもの場合は宇宙船を衝突させるなどしてベンヌの軌道を変えることも考えられています。

宇宙からの脅威としては隕石衝突の他、超新星爆発があります。質量が太陽の八倍以上の重い恒星がその寿命が尽きた時、超新星爆発を起こします。平安時代、藤原定家は半世紀以上にわたり日記、『明月記』を書き連ねましたが、その中で一二三〇年に「客星」を観測したため、過去の客星を陰陽師の安倍泰俊に調べさせたことが記されています。客星とは新たに現れた星で、彗星のことが多いのですが、泰俊が報告した八例のひとつが天喜二（一〇五四）年のもので、これが現在、かに星雲となった超新星の記録でした。日本以外では中国（北宋）で記録されていますが、ヨーロッパでの観測例は見つかっていません。かに星雲は地球から七〇〇〇光年も離れているため、この超新星爆発は地球にとって痛くも痒くもなかったでしょうが、もしこれが地球近傍だと、ただではすまないことになります。超新星爆発時には大量の放射線（宇宙線）が発せられますので、これが地球を直撃すれば、地上の生物にとっては致命的となりますが、やや弱い場合でもオゾン層を破壊することにより、地上生態系に大きな影響を与えます。近い将来に観測される可能性のある超新星爆発は六四三光年離れたオリオン座のベテルギウスですが、地球への影響はほとんどなさそうです。ただ、ノーマークの恒星がいきなり超新星爆発を起こす可能性も否定できません。

### スーパーフレア――人類への脅威（3）

宇宙線に似たもので、太陽を起源とするものがあり、太陽エネルギー粒子（太陽宇宙線）とよばれています。太陽はつねに水素イオンなどの太陽物質を放出しており、これは太陽風と呼ばれますが、それは低エネルギーのものです。これに対して、太陽表面の爆発現象（フレア）などのおりに大量の高エネルギーイオンが放出されることがあります。これが太陽エネルギー粒子です。一般的に太陽の活動は一一年周期で変動し、その活動の極大期には黒点の数が増し、フレアも増加します。フレアが発生すると、大量の高エネルギー粒子が太陽から放出されますが、それが地球の大気とぶつかって光る現象がオーロラです。地球は磁場に守られているため、通常は太陽エネルギー粒子は極地方にしか侵入できず、オーロラが見えるのも高緯度地方のみです。

ところが、通常よりも大きい「巨大フレア」が起きると、さらにエネルギーの高い粒子が発生するため、より低緯度地域でもオーロラが見られることがあります。江戸時代の一七七〇年、「星解」という古文書に京都で見えたとされるオーロラの絵が載せられていますが、この時のフレアは、最大級のものだったようです。近年では、一八五九年に赤道帯でオーロラが見られるような巨大フレアがあり、これをリチャード・キャリントン（一八二六〜一八七五）が観測したため、彼の名をとってキャリントンフレアと呼ばれています。当時、欧米では電信システムがすでに整備されていましたが、欧米の電信システムはすべて停止し、電信機から火が出て火事となったところもありました。因みに、エジソンが発電事業を始めたのは一八八二年でしたので、キャリントンフレア時には電気はまだ一般家庭で使われていませんでした。このため、この最大級の巨大フレアによる被害も限定的でした。

現代のような電気文明の時代にあっては、このような巨大フレアの被害はとんでもないものになりかねません。一九八九年に起きたフレアは、キャリントンフレアの数分の一の規模だったにもかかわらず、カナダのケベック州で大停電をもたらしたほか、人工衛星の故障や電波通信障害なども起き、被害総額は一〇〇億円以上といわれています。今現在、キャリントンフレアレベルのフレアが発生すると、全地球規模の大停電が起き、全ての人工衛星が損傷するほか、宇宙ステーション滞在者や飛行機の乗員などは放射線被害を受け、被害総額は一〇〇兆円以上になると試算されています。

問題は、キャリントンフレアが考え得る最大のフレアであるかどうかということです。低緯度でオーロラが見られた事象は有史以来何回かあったようですが、電気が使われていなかった時代ではフレアによる被害は報告されていません。さらに大きいフレアがあったかどうかは不明なのです。

私たちの太陽だけを見ていると、どの程度のフレアが起こりうるかはわかりません。しかし、太陽に似た他の星を調べるとどうなるでしょうか。二〇一二年、京都大学の柴田一成教授（当時）のグループは、トランジット法で系外惑星を探すために打ち上げられた宇宙望遠鏡「ケプラー」（第7章参照）のデータを用いて、大きなフレアを起こしている恒星がないかを調べました。すると、太陽に似た恒星で、キャリントンフレアよりも何桁も大きい規模の「スーパーフレア」を起こしているものが次々と見つかったのです。

地震のエネルギーの対数と頻度の対数をプロットすると、直線上にならびます。これをグーテンベルク・リヒター則と呼びます。太陽フレアに関しても同様のグラフが得られます。図9－5はその概念図ですが、どちらもエネルギーが一〇倍のイベントの頻度は数分の一になる、

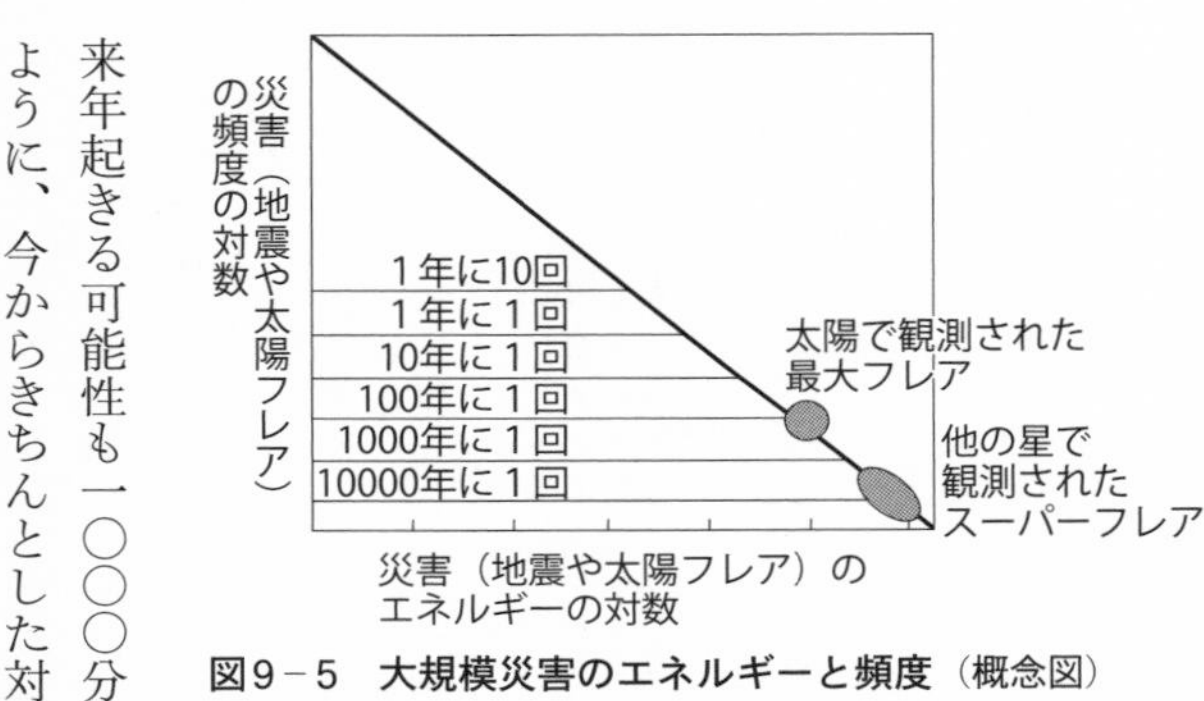


**図9－5　大規模災害のエネルギーと頻度**（概念図）

という関係があります。太陽フレアに関して、知られている最大級のものはキャリントンフレアであり、それは一〇〇年に一度くらいの頻度と想定されます。それよりも大きいイベントは太陽では観測されていませんが、他の恒星の観測例から考えると、一〇〇〇年に一回、一万年に一回といった頻度ではキャリントンフレアの一〇倍、一〇〇倍の規模のスーパーフレアも起こりうることが想定されます。その時に発せられる高エネルギー粒子は宇宙ステーションなどで働く人々にとっては致命的であり、航空機の乗員にも大きな健康被害を与えるでしょう。それ以上に問題なのは人類の発電・送電システムやコンピュータシステムが長期にわたりダウンし、現在のような電気に依存した文明や、数十億の人口の維持ができなくなる可能性が考えられることです。一〇〇〇年に一度ということは一〇〇〇年後まで起きないということではなく、来年起きる可能性も一〇〇〇分の一あるということです。その時に想定外などといわずにすむように、今からきちんとした対応を考えておく必要があるでしょう。

## 人間活動——人類への脅威（4）

アルバレスたちが、巨大隕石衝突を恐竜絶滅の原因とする説を発表したのが一九八〇年。衝突により生じた塵が成層圏に漂って太陽光を遮る「衝突の冬」の可能性が認識されました。一九八一年、米国の第四〇代大統領となったのがドナルド・レーガン（一九一一〜二〇〇四）。その時のソ連のトップはレオニード・ブレジネフ（一九〇六〜一九八二）。米ソ関係は極めて悪化しており、両国の核軍縮交渉も停滞し、核戦争が起きる可能性が危惧されていました。その場合、核戦争の勝者は誰になるでしょうか。

米国の大気科学者リチャード・ターコ（一九四三〜　）や、本書でもたびたび登場したカール・セーガンらの五名の科学者は一九八三年に彼らのイニシャルを冠した「TTAPS研究」の成果を発表しました。これは大規模核戦争が起きた時に地球に何が起きるかをシミュレーションした研究です。二大国が互いの都市を核ミサイルで攻撃し合うケースを考えます。その時、都市は炎上して大量の煤が生じますが、核爆発の熱によって上昇気流が起き、煤が成層圏にまで達しますと、簡単には地表には落ちて来ません。これが長期間にわたり太陽光を遮るため、全地球的な寒冷化とそれに伴う食料危機が起きるという予想が報告されました。つまり、核戦争には勝者はなく、人類全体の生存が脅威にさらされてしまうのです。この報告は改めて核兵器の危険性を一般に認識させ、その後の一連の核兵器削減の呼び水になったと評価されています。しかし、レーガンとミハイル・ゴルバチョフ（一九三一〜　）の間で一九八七年に締結された中距離核戦力全廃条約が二〇一九年になってドナルド・トランプ大統領（当時、一九四六〜）の一存で破棄されたなど、核戦争の脅威はまだまだ収まっておらず、人類絶滅の原因リストからは除外できそうにありません。

核の脅威以外にも人類自身が原因となる危機は多数考えられますが、現時点で最大のものは人口の増加と産業活動による地球環境・食料・水問題でしょう。それらの中でも近年は、人間活動による大気中の二酸化炭素濃度の増加とそれに伴う温暖化の問題がとりわけ注目されています。環境問題は、当初は公害、鉱害問題として、工場、都市、鉱山の周辺に特化した問題とされてきました。しかし、一九七二年にストックホルムで開催された国連人間環境会議から、環境問題はローカルな問題ではなく、グローバルな問題であることが認識されました。昨今は人工衛星や探査機から撮られた地球の画像（図9－6）を目にする機会も多くなり、視覚的にも「宇宙船地球号」を実感できる機会も多くなりました。

温暖化と二酸化炭素の関係についても一部の科学者などからは、気温の上昇は二酸化炭素濃度の上昇の結果ではなく原因である、問題は将来の氷河期に向けた寒冷化である、などの疑義が出されることがあります。その理由は、私たちが持っている地球気候に関する科学的情報が時間的にはほんの最近のせいぜい四〇〇年程度のもののみであり、空間的には地球の表層ののに限られているためです。二〇二一年度のノーベル物理学賞が地球温暖化予測のコンピュータモデルを開発した真鍋淑郎（しゅくろう）博士らに授与され、懐疑論を抑える形になりましたが、そこまで半世紀もかかりました。

ここで重要になるのが、アストロバイオロジーの考え方です。アストロバイオロジーにおいては、第3章で述べましたように四六億年にわたる地球と生命の共進化を調べてきました。また、火星（第4章）や金星（第6章）の環境を調べると、それぞれ過去には大量の液体の水が表層にあった可能性があったにもかかわらず、現在はそのほとんどが失われてしまったため、両惑星の表層では生命の生存が難しくなっています。特に金星は、まさに二酸化炭素による暴走温暖化で現在のような姿になったといわれています。私たちはその轍を踏むわけにはいかないのです。このような様々な惑星間の違いを調べる学問分野は比較惑星学と呼ばれています。

**図9－6　かぐや搭載のハイビジョンカメラによる「地球の出」** ©JAXA/NHK

この他、新型コロナウィルス（COVID－19）やエイズウィルス（HIV）をはじめとする近年の新たな病原体の蔓延は一見すると不可抗力に見えますが、これも人間の活動範囲が拡大し、自然界の聖域を侵したことに由来するものと考えられます。将来、さらなる致死的なウィルスやバクテリアによる感染症が懸念されますので、その対策が人類存続のためにも不可欠です。日本の場合は、二〇世紀末から相次いで世界的な感染を起こしたＳＡＲＳ、ＭＥＲＳなどが国内でそれほど蔓延しなかったこともあり、政府が自己中心的、神風的な意識からＰＣＲ検査体制、ワクチン開発体制の整備に消極的だったため、そのつけがＣＯＶＩＤ－19で回ってきたようです。

さらにＡＩや遺伝子操作技術はその利便性のみが考えられ、危険性に鈍感になりがちですが、その脅威は『ターミネーター』（一九八四）や『バイオハザード』（二〇〇二）などのＳＦ映画で繰り返しとりあげられてきました。ＡＩはチェスや碁などでも人間を打ち負かし、やがては知性の面で人類を上回ると想定されています。二〇一四年、スウェーデン生まれのオックスフォード大学教授ニック・ボストロム（一九七三〜　）は機械（マシーン）（ＡＩ）が知性の面で人類を上回った場合、人類はもはやＡＩをストップさせることができなくなり、人類存亡の危機に陥ることを警告しました。ＡＩの開発においては、ＡＩが暴走した時にすぐさまストップをかけられる「ビッグ・レッド・ボタン」（緊急停止ボタン）を準備しておく必要があります。

地球外生命を探査するとき、知的生命の寿命を考えると、生身のＥＴＩが脳情報を他のデバイスにアバターとして移管したものや、ＥＴＩが開発したＡＩが独自に進化したものを想定すべきという意見もあります。自分の星の環境問題を乗り越え、宇宙に広く進出できたＥＴＩは、生態系の重要性を認識し、自分の星の他の生物も大事にしているはずで、宇宙での生命の多様性にも配慮しているに違いありません。しかし、母星の炭素生命を駆逐したＡＩを仮に生命と呼ぶとした場合、彼らは生存のための生態系の維持は必要とせず、生命の多様性を尊重するような倫理を持ち合わせていない可能性もあります。あまりお近づきになりたくないものです。

## 地球外生命とETIについて考えるということ

二〇世紀、圏外生物学を研究していた科学者たちは地球外生命は存在すると考えていましたが、その発見がいつかはなかなか明言できませんでした。しかし、二一世紀の今日、太陽系で続々と生命存在の可能性のある天体が見つかり、さらに太陽系外にも生命が存在しうると想定される惑星が次々と見つかってきたことから、NASAのアストロバイオロジー研究者も二一世紀前半のうちには地球外生命の強い証拠が得られると語っています。

一方、ETIとの遭遇がいつになるかはなかなか想定できません。私たちにできることは、未来に彼らと遭遇できることを祈りつつ、その時まで自分たちの文明を滅ぼさないように努力することです。人口の爆発的増加と人間活動による環境破壊は、人類の文明が来世紀まで持つかどうかという危機感を抱かせています。二〇一五年の国連サミットにおいて、国連に加盟する一九三か国が二〇一六～三〇年の一五年間で目指す一七の目標を掲げました。これを「持続可能な開発目標」、SDGsとよびます（図9－7）。

これらの中に、地球外生命やETIについて考える学問であるアストロバイオロジーが貢献できることがあります。まずは、「13　気候変動に具体的な対策を」。本章で述べたように地球

図9－7　17の SDGs　©UN

環境問題の解決には、限られた短い時間、局所的な領域での環境変動を調べるだけでは不十分です。アストロバイオロジーで研究されてきたことは、地球が生まれてきてから今日までの地球環境の変動とその中での生命の誕生・進化との関わりであり、一言でいえば「地球と生命の共進化」ということです。さらにかつては表面に海を有していたと想定される火星や金星が今日のようになった理由を探る「比較惑星学」もアストロバイオロジーの重要な領域ですので、これも今日の環境問題の解決に不可欠な情報を与えてくれるでしょう。さらにこれらの知見は「14　海の豊かさを守ろう」「15　陸の豊かさも守ろう」にも役立つでしょう。「17　パートナーシップで目標を達成しよう」は、まさに国際的・学際的学問であるアストロバイオロジーがやってきた、そしてこれからやっていくことです。地球人類の叡智を結集させることでしか、地球外生命やＥＴＩの探査はできません。さらに、ＥＴＩの問題は将来を担う若い世代に大きくアピールできる分野です。その内容は、自然科学のすべての分野にまたがり、さらに社会科学・人文科学までにも広がっています。まさに「4　質の高い教育をみんなに」行う場合の適切な教材となるでしょう。

私が最も重要と思うのは、「16　平和と公正をすべての人に」への貢献です。地球外生命を考える場合、われわれが宇宙の中心でないこと、地球生命をさまざまな可能性がある生命形態のひとつと考えることが基本であり、そのような前提のもとで、私たちと異なる環境に住む、異なるシステム・形態の生命についての議論が初めて可能となります。つまり、アストロバイオロジー研究は古い生物学の「天動説」（図9－8）を打ち壊し、地動説に移行させようとするものでした。この考え方は、生物学以外の分野、特に政治や社会の問題における「自己中心主義」「〇〇ファースト」「分断」といった、現在の世界の平和や公正を脅かす思想・行動からの脱却を促すものです。そして、宇宙からの観点、すなわち「地動説」の観点からわれわれの考え方や行動を見直すことは、まさに地球と人類の未来を切り拓くのに不可欠なことといえましょう。

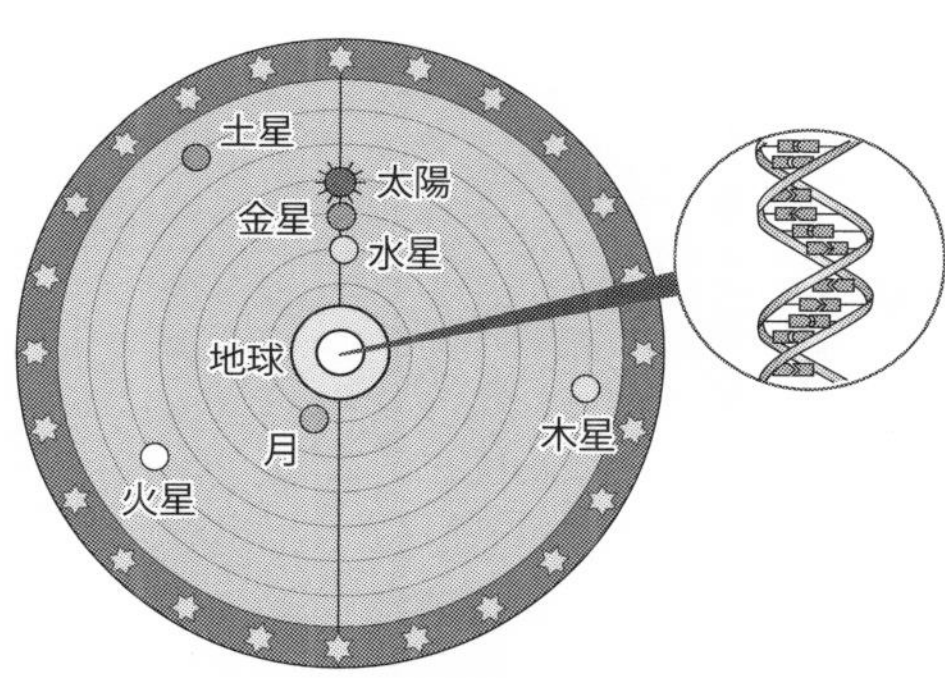


**図9－8　旧来の生物学「天動説」**

# あとがき

カール・ニルセン（一九六五～一九三一）の交響曲四番は私の好きな交響曲のひとつであり、「不滅」と呼ばれることが多いのですが、この曲のタイトルの原題（デンマーク語）を直訳すると、「滅ぼし難きもの」となります。ニルセンはこの曲の楽譜に「音楽は生命で、そしてそれに似て滅ぼし難きものである」と書いています。私は、この「滅ぼし難きもの」というのが実は生命の本質的な特徴ではないかと思っています。地球でも数多くの環境の大変動を乗り越え、地球生命は四〇億年ほど生き続けてきました。本書では地球外生命の検出の可能性について議論しました。欧米の火星生命探査は過去の生命の痕跡を探すことを主に狙っています。しかし、いったん火星で生命が誕生したのならば、今も火星のどこか（おそらく地下の氷の近く）で「滅ぼし難きもの」が生きのびていると私は期待しています。太陽系では、火星以外にも生命が誕生し、生存している可能性のある天体が多数あることを紹介しました。二一世紀の前半に地球外生命との遭遇することは十分に期待できます。

では、よりみなさんが興味をもつ宇宙人（地球外知性体＝ＥＴＩ）との遭遇はどうでしょうか。生命は「滅ぼし難きもの」なのですが、個々の生物種は本当に簡単に絶滅してしまいます。

今、凄まじいスピードで生物種が地球から消えているのは、人間活動のせいですが、過去の大絶滅において、最終的に最も大きなダメージを受けたのはその時の生態系ピラミッドの頂点にいる生物種で、現在は人類です。ドレイクの式（第7章）は、知的生命とのコンタクトの可能性は、主として知的生物種（文明）の持続時間によることを示しています。ETIとの遭遇は、宇宙の広さと個々の星での生物進化のタイムラグを考えると気長に待たねばならず、まずは私たち人類が滅びずにいる必要があります。そのためにすべきことは第9章で考えました。

地球外生命やアストロバイオロジーに関する本は、近年、かなりの数が出版されていますが、較べてみると、それぞれ見方や書かれている内容が異なっていることに気づかれるでしょう。アストロバイオロジーは新しい分野で、「本当のこと」がまだわかっていない分野ですので、著者により主張が異なるのはいたしかたないことです。本書で紹介したことも、様々な資料にあたって、現時点で確かそうなことを述べたつもりですが、将来、書き換えられることも多々あるでしょう。この手の本で、「生命の起源はこれで決まりである」などと主張しているものがありましたら、その時点でその本は信じられません。本に書いてあるからといって信じ込むことは非常に危険です。ネイチャー、サイエンスというもっとも権威があるといわれる科学雑誌に載った論文でも多くの誤りがあることは覚えておきましょう。AIは過去の文献を学習して人間よりも賢く判断できる、と考えられていますが、少なくともアストロバイオロジーに関しては、当分はAIにまともな判断ができるとは思えません。地球外生命の発見や生命の起源解明には、過去の文献にとらわれない、新たな発想が必要でしょう。

本書の冒頭で「夜空の星々を見上げて」と書きましたが、多くの人がスマートフォンを見下ろして歩いている現在です。日本を含む世界各国に分断をあおる政治家がおり、それをSNSが広めている現状は極めて危険です。地球外生命のことを考えることから、われわれが宇宙においていかにちっぽけな存在であるかが、また一方、いかに貴重な生物種であるかがわかるでしょう。

私がアストロバイオロジー研究、特に生命の起源や地球外生命研究に携われるようになったのは、大島泰郎先生（東京工業大学・東京薬科大学名誉教授・共和化工環境微生物学研究所名誉顧問）のおかげです。私が学生時代、最初に読んだ地球外生命に関する本は、C・ポナムペルマ著、大島泰郎訳の『生命の起原』（TBSブリタニカ、一九七六年）でした。博士課程三年の時、指導教授の（故）不破敬一郎先生の紹介で大島先生に進路を相談しに伺ったことがきっかけとなり、大島先生のご紹介でポナムペルマの研究室（米国メリーランド大学）で圏外生物学の研究を始めることができました。大島先生は本書と同じタイトルの『地球外生命』（講談社、一九九九年）という本も書かれています。本書を大島先生に捧げたいと思います。

私は化学が専門ですので、アストロバイオロジーに関わる他の分野に関しては、いろいろな方に教わってきました。欧米でアストロバイオロジーが盛んになってから、日本でこの分野の勉強会がいくつか開かれるようになりました。（故）海部宣男先生（国立天文台）を中心とした国際高等研究所「宇宙における生命」研究会、佐藤勝彦先生（東京大学名誉教授）を中心とした自然科学研究機構研究会「宇宙と生命」懇談会、長谷川眞理子先生（総合研究大学院大学）を中心とする「惑星科学と生命科学の融合」研究会などに参加させていただき、そこでお会いした多くの研究者（天文学から生物学まで）から多くを教わりました。ここで個々の方のお名前はあげませんが、みなさまに感謝を述べたいと思います。本書で、私たちの研究成果も紹介しましたが、それらは、横浜国立大学の小林憲正・癸生川陽子研究室のみなさまとの共同によるものです。感謝いたします。

本書の執筆ができたのは、数年前に中公新書編集部（当時）の藤吉亮平さんにお勧めいただいたおかげです。ただ、なかなか執筆に取りかかれず、藤吉さんは他の部署に移られてしまいました。その後を担当していただいた吉田亮子さんには内容の細かいところまでチェックしてくださるなど大変お世話になりました。お二人に心から感謝いたしております。また、クマムシの写真を提供してくださった東京大学の國枝武和先生、イラストを作成してくださった、㈲ケー・アイ・プランニングさん、市川真樹子さん、ありがとうございました。

二〇二一年一一月

小林憲正

# 参考文献

本書を執筆するにあたり、参考にした図書を紹介します。英語の書籍やインターネットのサイトは、邦訳がないもので主要なものに限りました。


**第1章**

M・J・クロウ『地球外生命論争1750－1900』鼓澄治、山本啓二、吉田修訳、工作舎、二〇〇一年

H・G・ウェルズ『宇宙戦争』井上勇訳、創元SF文庫、一九六九年

D.A. Vakoch (ed.), *Astrobiology, History and Society*, Springer, 2013.

**第2章**

作花一志『天変の解読者たち』恒星社厚生閣、二〇一三年

F. Dyson, *Origins of Life*, 2nd Edition, Cambridge University Press, 1999.

**第3章**

ニール・F・カミンズ『もし月がなかったら』竹内均監修、増田まもる訳、東京書籍、一九九九年

ユヴァル・ノア・ハラリ『サピエンス全史（上・下）』柴田裕之訳、河出書房新社、二〇一六年

M. Gargaud et al., *Young Sun, Early Earth and the Origins of Life*, Springer, 2012.

土屋健『エディアカラ紀・カンブリア紀の生物』技術評論社、二〇一三年

池内了編『「はじまり」を探る』東京大学出版会、二〇一四年
藤崎慎吾『我々は生命を創れるのか』ブルーバックス、二〇一九年
山岸明彦・高井研『対論！ 生命誕生の謎』インターナショナル新書、二〇一九年
更級功『残酷な進化論』ＮＨＫ出版新書、二〇一九年

## 第4章

河崎行繁『宇宙生命科学』最新科学論選書、一九九三年
大島泰郎『火星に生命はいるか』岩波科学ライブラリー、一九九八年
山岸明彦『アストロバイオロジー』丸善出版、二〇一六年
小野雅裕『宇宙に命はあるのか』ＳＢ新書、二〇一八年

## 第5章

アーサー・Ｃ・クラーク『２０１０年宇宙の旅』伊藤典夫訳、ハヤカワ文庫、一九九四年
長沼毅『生命の星・エウロパ』ＮＨＫブックス、二〇〇四年
関根康人『土星の衛星タイタンに生命体がいる！』小学館新書、二〇一三年
Woods Hole Oceanographic Institution ホームページ内
https://www.whoi.edu/feature/history-hydrothermal-vents/discovery/1977.html
https://www.whoi.edu/feature/history-hydrothermal-vents/explore/bio-micro.html

## 第6章

A. Coustenis and F. W. Taylor, *Titan, Exploring an Earthlike World.* World Scientific Publishing, 2008.

第7章
カール・セーガン『コンタクト（上・下）』池央耿・高見浩訳、新潮文庫、一九八九年
ライマン・フランク・ボーム『オズのエメラルドの都』佐藤高子訳、ハヤカワ文庫NV、一九七六年
ライマン・フランク・ボーム『オズのつぎはぎ娘』佐藤高子訳、ハヤカワ文庫NV、一九七七年
E・ダブースト『地球外文明をさがす』野本陽代訳、岩波書店、一九九〇年
鳴沢真也『天文学者が、宇宙人を本気で探してます！』洋泉社、二〇一八年
田村元秀『新天文学ライブラリー1　太陽系外惑星』日本評論社、二〇一五年
井田茂ほか『系外惑星の事典』朝倉書店、二〇一六年

第8章
長沼毅『生命の起源を宇宙に求めて』DOJIN選書、二〇一〇年
松井孝典『スリランカの赤い雨』KADOKAWA、二〇一三年
コーディ・キャシディー、ポール・ドハティー『とんでもない死に方の科学』梶山あゆみ訳、河出書房新社、二〇一八年
マイケル・クライトン『アンドロメダ病原体』浅倉久志訳、ハヤカワ文庫、一九七六年
マイケル・クライトン、ダニエル・H・ウィルソン『アンドロメダ病原体——変異（上・下）』酒井昭伸訳、早川書房、二〇二〇年

第9章
須藤靖『不自然な宇宙』ブルーバックス、二〇一九年

参考文献

カール・セーガン『コンタクト（上・下）』池央耿・高見浩訳、新潮文庫、一九八九年
フレッド・ホイル、ジョン・エリオット『アンドロメダのA』伊藤哲訳、ハヤカワ文庫、一九八一年
石弘之『歴史を変えた火山噴火』刀水書房、二〇一二年
作花一志『天変の解読者たち』恒星社厚生閣、二〇一三年
片岡龍峰『日本に現れたオーロラの謎』DOJIN選書、二〇二〇年
M・ロワン＝ロビンソン『核の冬』高榎堯訳、岩波新書、一九八五年
ニック・ボストロム『スーパーインテリジェンス』倉骨彰訳、日本経済新聞出版、二〇一七年
中川毅『人類と気候の10万年史』ブルーバックス、二〇一七年
S・ウェッブ『広い宇宙に地球人しか見当たらない50の理由』松浦俊輔訳、青土社、二〇〇四年
高水裕一『宇宙人と出会う前に読む本』ブルーバックス、二〇二一年
小林武彦『生物はなぜ死ぬのか』講談社現代新書、二〇二一年

この他、地球外生命やアストロバイオロジー一般についてより知りたいかたに、以下の書籍を紹介します。

大島泰郎『地球外生命』講談社現代新書、一九九九年
海部宣男、星元紀、丸山茂徳編『宇宙生命論』東京大学出版会、二〇一五年
小林憲正『アストロバイオロジー』岩波科学ライブラリー、二〇〇八年
小林憲正『生命の起源　宇宙・地球における化学進化』講談社、二〇一三年
小林憲正『宇宙からみた生命史』ちくま新書、二〇一六年
佐藤勝彦監修、縣秀彦編『科学者18人にお尋ねします。宇宙には、だれかいますか？』河出書房新社、

二〇一七年
立花隆、佐藤勝彦ほか著、自然科学研究機構編『地球外生命　9の論点』ブルーバックス、二〇一二年
長沼毅、井田茂『地球外生命』岩波新書、二〇一四年
山岸明彦編『アストロバイオロジー』化学同人、二〇一三年
J・アル＝カリーリ編『エイリアン――科学者たちが語る地球外生命』斉藤隆央訳、紀伊國屋書店、二〇一九年
M. Gargaud et al. (eds), *Encyclopedia of Astrobiology*, 2nd Edition, Springer, 2015.

小林憲正（こばやし・けんせい）

1954年，愛知県生まれ．82年東京大学大学院理学系研究科化学専攻博士課程修了．理学博士．米国メリーランド大学化学進化研究所研究員，横浜国立大学工学部助教授，同大学大学院工学研究院機能の創生部門教授などを歴任．現在，横浜国立大学名誉教授．専門は分析化学とアストロバイオロジー．

著書『アストロバイオロジー』（岩波科学ライブラリー，2008）
『生命の起源』（講談社，2013）
『宇宙からみた生命史』（ちくま新書，2016）
ほか

地球外生命（ちきゅうがいせいめい）
中公新書 2676

2021年12月25日発行

著　者　小林憲正
発行者　松田陽三

本文印刷　三晃印刷
カバー印刷　大熊整美堂
製　　本　小泉製本

発行所　中央公論新社
〒100-8152
東京都千代田区大手町 1-7-1
電話　販売 03-5299-1730
　　　編集 03-5299-1830
URL http://www.chuko.co.jp/



Published by CHUOKORON-SHINSHA, INC.
Printed in Japan　ISBN978-4-12-102676-7 C1244

中公新書

## 科学・技術



- 2547 科学技術の現代史　佐藤　靖
- 1843 科学者という仕事　酒井邦嘉
- 2375 科学という考え方　酒井邦嘉
- 2373 研究不正　黒木登志夫
- 2007 物語　数学の歴史　加藤文元
- 1912 数学する精神（増補版）　加藤文元
- 1690 科学史年表（増補版）　小山慶太
- 2476 〈どんでん返し〉の科学史　小山慶太
- 2354 力学入門　長谷川律雄
- 2507 宇宙はどこまで行けるか　小泉宏之
- 2271 NASA—宇宙開発の60年　佐藤　靖
- 2352 宇宙飛行士という仕事　柳川孝二
- 2089 カラー版　小惑星探査機はやぶさ　川口淳一郎
- 2560 月はすごい　佐伯和人
- 1566 月をめざした二人の科学者　的川泰宣
- 2398 2399 2400 地球の歴史（上中下）　鎌田浩毅
- 2520 気象予報と防災—予報官の道　永澤義嗣
- 2588 日本の航空産業　渋武　容
- 1948 電車の運転　宇田賢吉
- 2384 ビッグデータと人工知能　西垣　通
- 2564 統計分布を知れば世界が分かる　松下　貢
- 2676 地球外生命　小林憲正